扫描书内二维码 获取软件操作视频

# 元宇宙

## 时装设计

李琳琳 主编

杨 会 林祥成 副主编

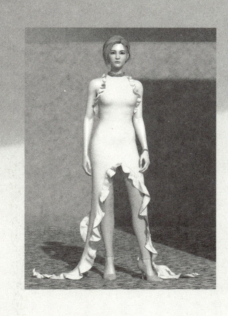

武汉理工大学出版社
WUHAN UNIVERSITY OF TECHNOLOGY PRESS

**图书在版编目（CIP）数据**

元宇宙时装设计 / 李琳琳主编 . — 武汉：武汉理工大学出版社，2024.1
ISBN 978-7-5629-6949-5

Ⅰ . ①元… Ⅱ . ①李… Ⅲ . ①服装设计—计算机辅助设计—图形软件 Ⅳ . ① TS941.26

中国国家版本馆 CIP 数据核字（2023）第 251120 号

项目负责人：杨　涛
责 任 编 辑：刘　凯
责 任 校 对：丁　冲
装 帧 设 计：艺欣纸语
排　　　版：武汉正风天下文化发展有限公司
出 版 发 行：武汉理工大学出版社
社　　　址：武汉市洪山区珞狮路 122 号
邮　　　编：430070
网　　　址：http://www.wutp.com.cn
经　　　销：各地新华书店
印　　　刷：湖北金港彩印有限公司
开　　　本：889×1194　1/16
印　　　张：8.5
字　　　数：286 千字
版　　　次：2024 年 1 月第 1 版
印　　　次：2024 年 1 月第 1 次印刷
定　　　价：168.00 元

# 前言

2021年10月28日，Facebook首席执行官扎克伯格宣布Facebook更名为"Meta"。该名称源于"Metaverse"，中文译为"元宇宙"，意指虚拟现实交互技术高度发达后形成的超越这一代互联网的全新数字时空，甚至有人认为元宇宙代表了人类文明新方向。

元宇宙给服装设计领域带来的思考和启迪是巨大的。虚拟数字时装成元宇宙之刚需。虚拟数字时装，顾名思义即使用计算机技术与3D软件所制成的服装。简单来说，虚拟数字服装让我们看到了未来，人类将不用再受物理空间的束缚。虚拟时尚不仅与传统时尚产业有所区别，还兼具着创意、创新性与可持续性时尚的环保理念。

本书通过Style 3D虚拟时装设计软件将服装设计、结构、色彩、面料通过数字化虚拟缝制进行展示。全书共分为七章：第一章对Style 3D软件界面与基础功能进行了介绍；第二章至第五章详述了不同款式服装的虚拟缝制、模特虚拟试衣、面料及色彩等虚拟呈现方法，使学生由浅到深地掌握Style 3D软件虚拟时装呈现的基本操作；第六章是服装走秀视频录制及渲染，使学生熟悉Style 3D走秀及渲染展示方法，丰富作品的展现形式；第七章为服装改版设计与制作，通过对基本款式的改版拓展虚拟时装设计的实践应用，帮助学生举一反三，灵活应用Style 3D创作更多优秀的设计作品。本书旨在通过2D板片编辑及缝制、3D虚拟时装试衣模拟、面辅料编辑及参数设置、舞台走秀模拟等基本知识的教和学，使学生掌握虚拟时装设计的基本理论与技能，并能独立进行虚拟时装的创作设计。本书图文并茂，具有由浅入深、通俗易懂、重点突出和实用性强等特点，可作为服装专业或其他相关专业培养高等应用型、技能型人才的教学用书，也可作为社会从业人士的业务参考书及培训用书。

编者

2023.2

# 目录

# 项目1　服装3D软件界面窗口分布与基础功能

## 任务1.1　软件界面窗口介绍

　　Style 3D软件的界面（图1-1）一共分为5个模块，左边最上方为顶部菜单栏，右上方的场景管理视窗和右下方的属性编辑视窗，以及中间面积最大的2D视窗和3D视窗。

　　在使用软件过程中除了顶部菜单栏以外，其他的窗口可以根据需要随意变换位置，来扩大操作面积。

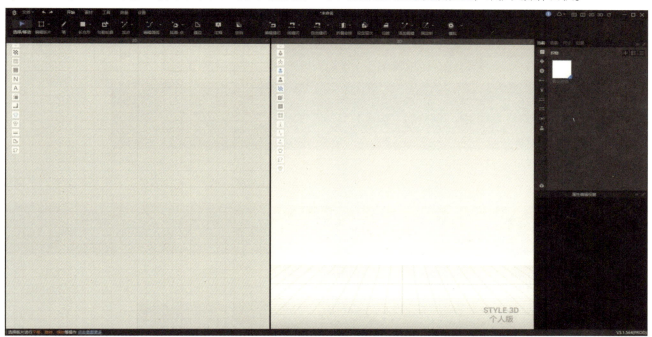

图1-1

### 1.1.1　顶部菜单栏

　　Style 3D软件的顶部菜单栏（图1-2）包含了软件的操作功能及基本工具，根据不同功能和工具的分类将顶部菜单栏分为了6个分栏，分别为文件栏、开始栏、素材栏、工具栏、测量栏、设置栏。

图1-2

　　①文件栏（图1-3），包括文件的导入、保存，服装最终模型的保存导出等功能。

图1-3

1

②开始栏（图1-4），包括服装版片的编辑缝纫，3D视窗成衣模拟调整以及服装版片其他工艺处理功能。

图1-4

③素材栏（图1-5），包括对面辅料、图案、装饰线、纽扣、褶皱的添加编辑。

图1-5

④工具栏（图1-6），包括视效输出的不同方法、简化网格、烘焙光照贴图等功能。

图1-6

⑤测量栏（图1-7），包括对虚拟模特尺寸和服装版片尺寸的编辑测量功能。

图1-7

⑥设置栏（图1-8），主要是软件内部的属性设置。

图1-8

### 1.1.2 场景管理视窗

①场景管理视窗（图1-9），3D视窗中所有的版片模特及所有应用到的素材在场景管理视窗当中都能够找到。
②资源库（图1-10）。

图1-9

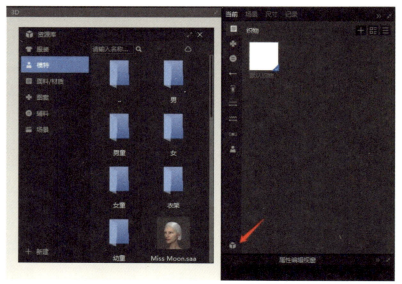

图1-10

### 1.1.3　属性编辑视窗

属性编辑视窗（图1-11），软件中所有素材对应的属性都能够在属性编辑视窗中进行编辑和参数调整。

图1-11

### 1.1.4　2D视窗

2D视窗的比例、大小是通过滑动鼠标进行操作控制的，自由拖动视窗位置则是按住鼠标滚轮上下拖动进行操作。

### 1.1.5　3D视窗

和2D视窗一样，3D视窗中滑动鼠标左键可以控制视角的远近，按住鼠标左键拖动也可以平移视线；不同的是，3D视窗是一个三维的场景，长按鼠标右键进行拖动可以实现视角切换。

## 任务1.2　软件工具

### 1.2.1　文件工具栏

①新建【Ctrl+N】。覆盖原文件，重新建一个空白项目工程文件。

②打开。打开已保存的项目文件、服装、虚拟模特等。

③最近使用。可以打开最近一段时间使用过的项目文件。

④保存项目【Ctrl+S】。对文件进行保存。

⑤另存为。将文件另存为其他格式文件或新的项目文件。

⑥导入。导入DXF格式的版片、Obj格式的模型附件或模特文件，以及其他格式的工程文件，如FBX、SCO、GLTF、GLB、Alembic、AI、参考图和真人渲染配置文件。

⑦导出。导出DXF格式的版片、Obj格式的模型附件或模特文件，以及其他格式的工程文件，如PLT、BOM、FBX、SCO、GLTF、GLB、Alembic、Point Cache、AI和真人渲染配置文件。

### 1.2.2　开始工具栏

#### 1.2.2.1　裁片编辑工具

（1）选择/移动工具【Q】

在2D视窗和3D视窗中可对版片进行选中、移动，选中版片后单击鼠标右键可使用以版片为单位的其他功能，拖动控件可对版片进行旋转、缩放，在模拟状态时，选择移动功能可以对处于模拟状态的服装进行拖拽调整。

（2）编辑版片工具【Z】

在2D、3D视窗中对版片的边、端点、内部线进行选择，也可以拖拽移动端点、边的位置，改变版片的形状，移动时长按鼠标左键不动后，单击鼠标右键在对话框中输入具体移动距离的长度。在选中版片的边、点或者内部线后单击鼠标右键可使用以点、边、内部线为单位的其他功能对版片进行编辑。

（3）笔工具【D】

笔工具就是画笔工具，可以直接在版片上进行内部直线或曲线的绘制。在绘制曲线时，可以长按鼠标左键来绘制贝塞尔曲线，也可以按住Ctrl键进行曲线绘制，然后双击鼠标左键结束。除了在版片上绘制内部线以外，还可以用笔工具直接在空白处绘制版片。笔工具除了在2D视窗中使用外，还可以在3D视窗中使用，可使用笔工具直接在模特身上进行图形绘制。绘制完成后选中图形，按Enter键转化为版片。

（4）长方形工具

该工具是用来画图的，可以直接在版片上绘制内部图形，也可以在空白处绘制版片，按住鼠标左键直接进行拖拽，然后用编辑版片工具对图形进行二次编辑，按住Shift键就可以得到一个正方形，还可以设置图形的大小，不用拖拽图形，直接在空白处单击鼠标左键后出现一个对话框，在对话框中输入高度与宽度即可。

①圆形工具【E】。在2D视窗空白处或版片内部点击鼠标右键通过对话框生成图形，或直接拖拽生成圆形及内部圆形。

②菱形省。可以直接在版片内部进行拖拽快速生成菱形省，也可以单击鼠标左键生成新的对话框，在窗口中输入固定数值，得到理想大小的菱形省。

③省。点击版片外轮廓后在对话框中输入固定数值形成省尖。

（5）勾勒轮廓工具【I】

在导入版片时，版片上会附带有辅助线，这些辅助线是不能够被选中的。这时候就可以使用勾勒轮廓工具选中后按Enter键变成可编辑的基础线。

（6）加点工具

①加点工具【X】。直接在线上点击要插入点的位置，或者在线段上单击右键可以定量地输入点的位置，同时可以把线平均分成几段。

②刀口。在净边上直接点击即可插入刀口，右键点击可定量地确定刀口位置。直接拖动可以移动刀口位置。在右侧属性编辑器中可编辑刀口类型和刀口位置，选中已有刀口后按Delete键可将其删除。

（7）编辑圆弧工具

①编辑圆弧工具【C】。通过拖拽直接改变直线、曲线的形状。

②编辑曲线点工具【V】。在净边、内部线上直接点击即可插入曲线点，直接拖动曲线点可以移动曲线点的位置，鼠标右键点击曲线点可将其删除、转换为端点或者移除这条边上所有的曲线点。

③生成圆顺曲线工具。点击顶点进行拖拽可将直角改为圆角，拖动过程中单击鼠标右键，可在对话框中输入圆角尺寸。

（8）延展点

①延展点工具。先选择剪开线起点，再选择剪开线终点，选择一侧需要旋转的版片进行拖动，拖动时单击鼠标右键在对话框中输入要移动的距离或角度并点击确认。

②延展线段工具。用延展线段工具依次点选固定侧起点和终点、展开侧起点和终点。通过弹出数值框控制展开插入的收缩量，变化量可以为负值。

（9）缝边工具

可直接点击版片净边设置缝边，在右边的属性编辑器中调节缝边宽度和缝边角类型。还可以框选版片快速对特定版片生成缝边。除此之外，在2D视窗的空白处单击鼠标右键可自动为所有版片添加缝边。

（10）注释工具

点击版片空白处可插入注释。也可以点击版片净边，在净边上插入注释，用于热转印等生产流程。选中注释后，可在右侧属性编辑器编辑注释内容、角度、字号（mm）；双击后可以编辑注释文字。

（11）放码

可以根据不同码的偏移量对版片顶点进行放码。通过属性编辑视窗或键盘上的"↑↓← →"方向键对顶点放码信息进行编辑。

#### 1.2.2.2　裁片缝纫工具

（1）编辑缝纫工具【B】

在2D视窗或3D视窗中选中缝纫线后点击Delete键或者右键隐藏菜单栏均可删除缝纫线。

（2）线缝纫【N】

在不计较两条缝纫线各自长度的情况下，可在2D视窗或3D视窗中直接点击需要缝纫的版片两边，然后通过3D视窗中版片的位置场景查看缝纫线效果，确认缝纫线效果，如有缝纫线交叉说明是缝反了。可使用"编辑缝纫线"右击菜单的"调换缝纫线"将方向调换过来。

（3）自由缝纫【M】

进入该功能后，依次点击需缝纫的两段线的起点和终点，在它们之间生成相等的自由缝纫线。缝纫时从两条边的起点到两边终点缝合。按住Shift键可以选择多段代替原来的一段；按住Shift键多选后松开可生成一对或多对缝纫关系。该功能能够支持用户对任意起点、终点的两段线进行缝纫。

（4）折叠安排

在3D视窗中选中版片内部翻折线，然后任意拖动定位圆圈的两条翻折轴或者在场景管理视窗中调整线段的翻折角度，都可以达到预期的效果。

（5）设定层次

支持用户通过依次点击版片A、B将版片A在模拟时设置在版片B"外层"（图1-12）。通过点击箭头上的"＋"控件，可以切换两者之间的先后顺序。

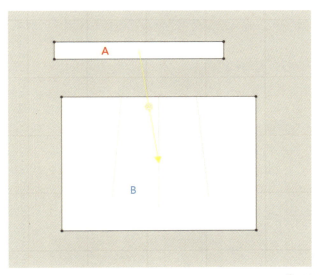

图1-12

（6）归拔

在2D、3D视窗中可直接在版片上点击生成归拔。归拔显示的颜色越蓝，网格收缩程度越高，模拟面积越小；归拔颜色越红，网格拉伸程度越高，模拟面积越大。右键版片可删除选中版片上的所有归拔或删除所有归拔。按住Ctrl键点击归拔会去除已有位置归拔，按住Shift键点击归拔会生成反向收缩率的归拔。

（7）添加假缝

在2D视窗或3D视窗中依次选择版片上需要连接的两个点，在模拟时这两点会连接在一起，起到类似缝纫线的固定作用，帮助调整服装的穿着状态。

（8）固定针

固定针起到局部冷冻的作用，在2D视窗和3D视窗中均可使用，可框选也可点选，还可以通过双击版片边缘或者点击内部线进行添加；直接选中固定针后按Delete键即可删除，或者单击鼠标右键的隐藏菜单栏点选"删除选择的固定针"和"删除所有固定针"。

（9）模拟【Space】

模拟开始后会产生三个变化：①版片在模拟期间表现出布料的柔性特征，模拟期间可以通过选择移动工具对布料进行拖拽调整。②缝合线开始收缩，连接线长度归零。③模拟期间开始表现重力、摩擦力等特征。（注：其他功能之间只有一个正在使用的菜单栏功能，模拟作为独立开关与其他功能不互相冲突。）

### 1.2.3 素材工具栏

（1）编辑纹理

使用该工具在版片上旋转、移动可调整单个版片中纹理的位置和旋转角度，可以编辑每个版片的纹理的丝缕线及位置，或者缩放及旋转每种织物的纹理。

（2）纹理排料

该功能支持用户根据不同的织物调整版片在唛架中的摆放位置、门幅宽、纹理相对门幅的偏移；允许同时排料服装上限（目前暂定为100）。该功能支持用户进行热转印等操作，将同一款的多个码、多件进行混合自动排料。

（3）调整图案

点击"调整图案"功能可对贴图进行平移、旋转、缩放操作，缩放时（由于尺寸为图案样式参数）会联动其他图案；调整图案右键菜单可对图案进行沿水平方向/沿竖直方向的重复；贴图相关参数可在属性编辑视窗调整，包括：渲染的光滑度、金属度、颜色、纹理、尺寸控制。该功能支持用户对图案实例进行选择、编辑。

（4）图案

先在"当前服装"中添加图案样式，再点击版片中要插入的位置即可添加图案实例；2D场景中插入可以确定具体位置，插入后自动进入调整图案功能。该功能支持用户在版片上插入图案（印绣花）。

（5）粘衬条

该功能在模拟时使版片不容易发生变形和拉伸。

扫码观看视频

（6）纽扣

进入功能后直接点击插入的位置即可，右键可定位插入纽扣位置，点击右键可沿线生成纽扣（20201130新增）。生成纽扣的样式为场景管理视窗中素材页打钩的样式。右键点击纽扣可对其进行复制、删除、复制到对称版片等各种操作。该功能支持用户在版片上插入和编辑纽扣。

（7）扣眼

进入功能后直接点击插入的位置即可，右键可定位插入扣眼位置。生成扣眼的样式为场景管理视窗中素材页打钩的样式；右键点击扣眼可对其进行复制、删除、复制到对称版片等各种操作。该功能支持用户在版片上插入和编辑扣眼。

（8）系纽扣

进入功能后依次点击纽扣和要系上去的扣眼即可，模拟时纽扣会系在扣眼上。

（9）拉链

进入功能后，在2D或3D场景中依次点击生成拉链两端的链条的起、终点，生成拉链。生成拉链的样式为场景管理视窗中打钩的样式。双击拉链样式可对拉链的渲染参数进行调整。非模拟状态下，可使用选择/移动模式对拉链头的位置进行平移/旋转，或调整拉链头在拉链中的位置。

（10）编辑明线

编辑明线功能可拖拽明线端点，改变明线长度，选中的明线可在属性编辑视窗更换样式，支持同一个明线样式更换不同的规格。双击场景管理视窗中的明线可编辑选中明线样式，包括：纹理、颜色、宽度、长度、偏移、明线数量、明线间距、到边距。其中当前明线为2D贴图；宽度、长度指的是明线贴图自身宽度、长度；偏移为当前明线贴图距线多远，可为负值。线的间距可为负值。

（11）线段明线

进入功能后点击净边、内部线插入明线，框选整个版片可对整个版片快速添加明线。该功能能够按照净边/内部线生成明线。

（12）自由明线

进入功能后依次点击起点、终点生成明线。该功能能够按照设定的起点、终点生成明线。

（13）编辑嵌条

编辑嵌条模式可移动嵌条顶点、删除嵌条对象、编辑嵌条参数。

（14）嵌条

在2D或3D场景中依次点击嵌条的起终点，生成嵌条。无须额外缝纫，直接在对应位置生成嵌条。该功能支持用户插入嵌条。

（15）编辑褶皱

编辑褶皱功能可拖拽褶皱端点，改变褶皱长度，选中的明线可在属性编辑视窗更换样式。双击场景管理视窗中的褶皱，可编辑选中褶皱样式，包括褶皱的法线贴图、密度、长度、宽度。其中宽度、长度指的是法线贴图自身宽度、长度。该功能支持用户对褶皱效果进行编辑。

（16）线褶皱

进入功能后点击净边、内部线插入褶皱效果，框选整个版片可对整个版片快速添加褶皱效果。该功能能够按照净边/内部线生成褶皱。

（17）自由褶皱

进入功能后依次点击起点、终点生成褶皱效果。该功能能够按照设定的起点、终点生成褶皱。

## 1.2.4　工具栏

### 1.2.4.1　3D快照

（1）功能路径

工具—3D快照（图1-13）。

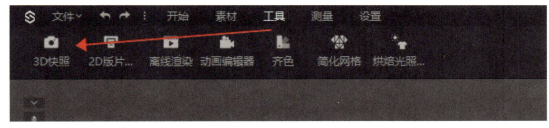

图1-13

（2）界面及功能详解

3D快照界面如图1-14所示。

3D快照包含预览、视角、图像尺寸、选项、动画（旋转动画独有）等几部分功能：

①预览。当前出图的快照视角。

a.增加：按照当前3D场景视角增加出图快照；

b.删除：删除当前所选视角快照；

c.更新：将当前选中视角替换为3D场景中视角；

d.打开/保存：打开/保存自定义视角。

②视角。使用系统预设的视角或者用户自定义的视角进行出图。

③图像尺寸。确定出图的尺寸、分辨率以及单位。

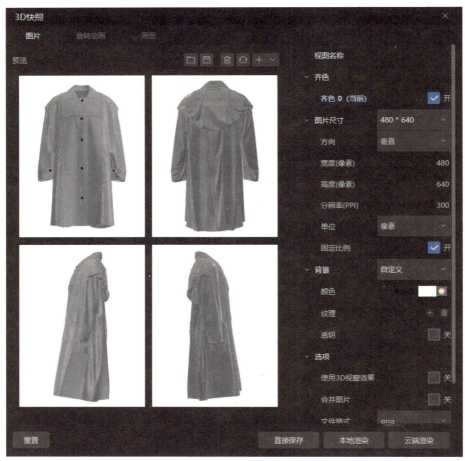

图1-14

④选项。生成的快照文件相关选项。

a.文件类型（旋转动画特有）：生成文件格式类型，可选gif动图或mp4、avi视频格式；

b.背景：生成的快照文件所使用的背景，勾选透明可使用透明背景；

c.保存所有齐色：勾选时可保存所有齐色生成的指定角度快照；

d.合并图片：勾选后会将图片合并生成一整张大图；

e.生成离线渲染：勾选后会使用V-Ray离线渲染生成快照，相关参数与离线渲染中配置参数相一致；

f.云端离线渲染：勾选后会使用云端资源进行离线渲染。

⑤动画（旋转动画特有）：配置旋转动画相关参数。

a.旋转方向：服装在视频中的顺、逆时针旋转方向；

b.总时间：视频旋转一周时长；

c.旋转圈数：服装在视频中所旋转的圈数；

d.帧率：生成视频使用的帧率；帧率越高效果越连贯，相应的生成时间也会越长。

### 1.2.4.2　2D版片快照

（1）功能路径

工具—2D版片快照。

（2）界面及功能详解

2D版片快照界面见图1-15。该功能支持用户调整输出DPI、毛边宽度以及控制相关元素显示。

①高分辨率。勾选时如果超过系统默认最大分辨率4096×4096，则使用显卡上限或者原图大小；否则限制为上限4096×4096。

②版片逐个导出。勾选后将每个版片分别导出为一张图片。

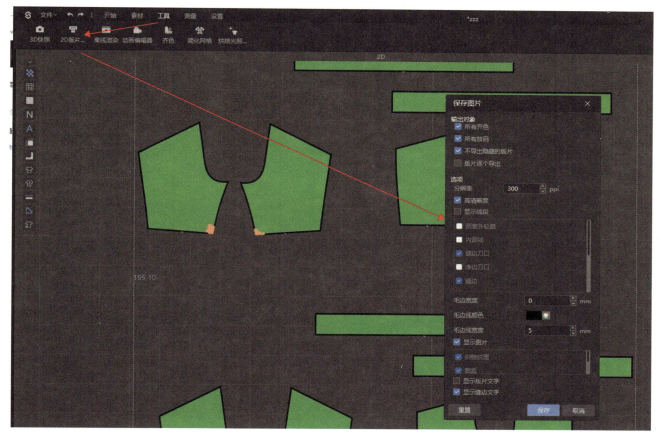

图1-15

③毛边。为支持生成热转印图等诉求，使用者可在缝边外围再扩大一圈生成"毛边"用于激光灼烧等生产用途。毛边线可调节颜色及宽度。

### 1.2.4.3 离线渲染

点击工具栏按钮，打开渲染视窗。打开"同步渲染"会将3D场景中的内容同步到渲染视窗，打开"最终渲染"会根据3D场景中内容生成渲染文件，"停止渲染"会终止已经进行的"同步渲染"和"最终渲染"。

### 1.2.4.4 动画编辑器

（1）功能路径

工具—动画编辑器（图1-16）。

图1-16

（2）说明

目前支持使用者通过系统自带的模特、模特动作录制动画。支持动画相关基础操作：添加动作、导出动画、录制动画及调整动画相关参数。

动画编辑的一般流程见图1-17。

9

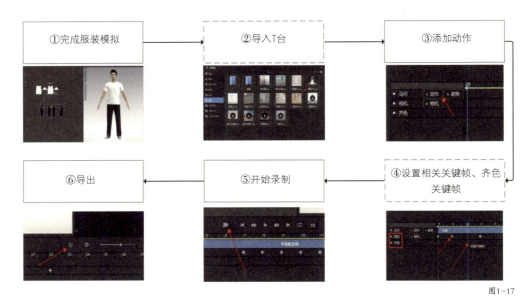

图1-17

①完成对服装的模拟。

②导入T台（若不需要T台场景也可直接跳过此步）。

③使用系统自带的人、台并点击"添加动作"按钮。

④设置相机、齐色关键帧（若动画对于镜头、齐色无要求也可直接跳过此步）。

⑤点击录制按钮，等待录制过程完成。

⑥录制完成后点击"导出"按钮输出实时渲染视频。

（3）界面及功能详解（图1-18）

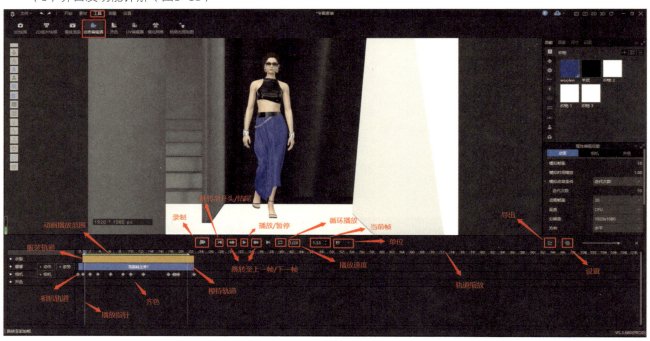

图1-18

①录制。点击启动录制，系统开始记录动画模拟产生的点序列，创建服装的动画数据。

②播放/暂停。从当前位置播放动画或暂停动画。

③跳转至上一帧/下一帧。播放指针跳转至上一帧或下一帧。

④跳转至开始帧/结束帧。播放指针跳转至动画的开始帧或结束帧。

⑤循环播放。从动画开始帧至结束帧循环播放。

⑥播放速度。设置播放速度的快慢（注意：此处仅影响软件内预览播放速度，不影响导出的动画播放速度）。

⑦当前帧/时间。播放指针当前所在帧/时间。

⑧单位。动画编辑器的单位格式。

⑨导出。录制好动画动作后，点击此处生成视频。

⑩设置。

a.动画设置：动画播放相关设置。

b.相机设置：设置相机运动效果。

c.齐色设置：可选定相应关键帧，并设置该关键帧下服装选定的齐色效果。

⑪轨道缩放。对动画编辑界面进行缩放。

⑫播放指针。3D视窗展示播放指针所在帧的动画状态，包括此时服装、模特、相机、齐色的状态。

⑬动画播放范围。绿色区域代表动画的开始帧至结束帧的范围。

⑭服装轨道。记录生成的服装动画内容，该内容仅当"录制"过才会出现，可对该动画内容进行删除及视效操作。

⑮模特轨道。记录生成的模特动画内容，可对系统预置的虚拟模特导入其动画动作。

⑯相机轨道。记录相机在动画不同时间/帧的镜头信息，用于管理动画中各个镜头间切换时的效果。

⑰齐色轨道。记录齐色在动画不同时间/帧的信息，可在该轨道右键创建关键帧，并设置动画中该帧的服装齐色效果。

#### 1.2.4.5　齐色

①新增齐色。点击工具栏"齐色"按钮，进入齐色编辑视窗。点击"新增"按钮，将复制当前的齐色生成新的齐色。在齐色缩略图上使用右键可删除或重命名齐色。点击某齐色列，3D视窗会切换显示相应齐色服装。

②编辑齐色。点击某齐色列的素材缩略图，可在属性编辑视窗中修改颜色等材质属性。修改非材质属性将影响所有齐色。

③更新齐色。点击"更新"按钮，可将3D视窗效果更新至齐色缩略图。

④保存齐色。可点击文件—快照工具，在快照窗口上设置图片或动画类型、视角、尺寸、背景等，并勾选"保存所有齐色"保存即可。

#### 1.2.4.6　简化网格

版片会按照放大倍数放大自身粒子间距，放大后的新粒子间距不超过设置的粒子间距上限，以保证基本的网格质量。简化网格的过程中程序会尽量保留已生成的模拟形态。该功能能够帮助使用者在上传工程至云端前减少网格面数，以减少网站对模型的读取时间。

#### 1.2.4.7　烘焙光照贴图

Style 3D会根据烘焙算法生成相应的光照阴影贴图，使得模型在3D场景实时渲染中更具真实效果。

### 1.2.5　测量工具栏

#### 1.2.5.1　编辑模特测量

选择各种3D服装测量，之后可以对其进行删除操作。

#### 1.2.5.2　表面圆周测量

根据确定一个平面至少需要三个点的原理，需要依次点击三个点，确定要测量的圆周平面；或按Shift键并单击，生成点击位置与地面平行的圆周测量；或按Ctrl键并画线，生成截线与模特产生的圆周测量。该功能能够严格测量模特表面一周维度。

#### 1.2.5.3　基本圆周测量

根据确定一个平面至少需要三个点的原理，需要依次点击三个点，确定要测量的圆周平面；或按Shift键并单击，生成点击位置与地面平行的圆周测量；或按Ctrl键并画线，生成截线与模特产生的圆周测量。该功能能够用类似皮尺的工具测量沿模特表面一周维度。

#### 1.2.5.4　基本长度测量

依次点击要测量距离的点，双击确定终点。测出的长度类似于使用皮尺工具量出的结果，不会将一些形成凹陷的结构长度计算在内。该功能能够用类似皮尺的工具测量沿模特表面两点间距离。

### 1.2.5.5 高度测量

点击要测量高度的位置，读出当前点高度。点击时会对已有的圆周测量进行吸附。该功能能够测量模特表面某点到地面的高度。

### 1.2.5.6 高度差测量

点击要测量高度差的两点位置，读出两点高度差。点击时会对已有的圆周测量进行吸附。该功能能够测量模特表面两点高度之差。

### 1.2.5.7 编辑服装测量

当前可对四种服装测量进行选中，可拖拽两点测量的顶点对齐进行编辑。该功能能够选择服装测量，并对两点测量进行编辑。

### 1.2.5.8 服装直线测量

进入功能后，左键点击服装需要测量的起点和终点，即可测量3D服装表面两点空间上的距离。

### 1.2.5.9 服装圆周测量

进入功能后，左键点击服装，即可测量3D服装在一个高度上围成维度的长度。

### 1.2.5.10 两点测量

此功能2D、3D场景均可使用，连续单击确定多段的起点和终点，最后以双击结束。该功能能够测量2D版片上两点（多段两点）间线段的长度（和）。

### 1.2.5.11 线上两点测量

进入功能后，左键点击2D版片需要测量的起点和终点，即可测量2D版片同一条线上两点间线段的长度。

### 1.2.5.12 虚拟模特胶带

虚拟模特胶带包含四个功能：编辑模特胶带、模特圆周胶带、模特线段胶带、服装贴覆到胶带。

①编辑模特胶带。点击以选择虚拟模特胶带。

②模特圆周胶带。通过点击三个点在模特上生成模特圆周胶带。类似于模特圆周测量，按住Shift键单击模特可生成平行于地面的模特圆周胶带，按住Ctrl键画出截线可按照界面生成模特圆周胶带。

③模特线段胶带。点击虚拟模特上任意两点生成虚拟模特胶带。

④服装贴覆到胶带。点击版片的净边或内部线，再点击胶带，将版片吸附至胶带。

## 1.2.6 设置工具栏

软件工具快捷键见图1-19。

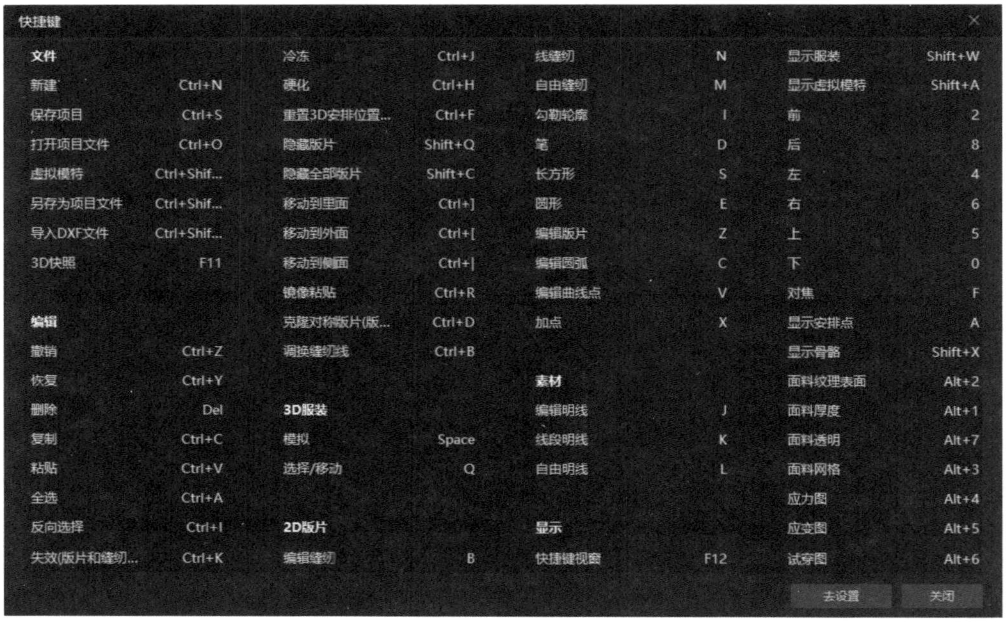

| 快捷键 | | | | | | ×  |
|---|---|---|---|---|---|---|
| **文件** | | 冷冻 | Ctrl+J | 线缝切 | N | 显示服装 | Shift+W |
| 新建 | Ctrl+N | 硬化 | Ctrl+H | 自由缝切 | M | 显示虚拟模特 | Shift+A |
| 保存项目 | Ctrl+S | 重置3D安排位置... | Ctrl+F | 勾勒轮廓 | I | 前 | 2 |
| 打开项目文件 | Ctrl+O | 隐藏版片 | Shift+Q | 笔 | D | 后 | 8 |
| 虚拟模特 | Ctrl+Shift.. | 隐藏全部版片 | Shift+C | 长方形 | S | 左 | 4 |
| 另存为项目文件 | Ctrl+Shift.. | 移动到里面 | Ctrl+] | 圆形 | E | 右 | 6 |
| 导入DXF文件 | Ctrl+Shift.. | 移动到外面 | Ctrl+[ | 编辑版片 | Z | 上 | 5 |
| 3D快照 | F11 | 移动到像面 | Ctrl+\| | 编辑圆弧 | C | 下 | 0 |
| | | 镜像粘贴 | Ctrl+R | 编辑曲线点 | V | 对焦 | F |
| **编辑** | | 克隆对称版片(版... | Ctrl+D | 加点 | X | 显示安排点 | A |
| 撤销 | Ctrl+Z | 调换缝切线 | Ctrl+B | | | 显示骨骼 | Shift+X |
| 恢复 | Ctrl+Y | | | **素材** | | 面料纹理表面 | Alt+2 |
| 删除 | Del | **3D服装** | | 编辑明线 | J | 面料厚度 | Alt+1 |
| 复制 | Ctrl+C | 模拟 | Space | 线段明线 | K | 面料透明 | Alt+7 |
| 粘贴 | Ctrl+V | 选择/移动 | Q | 自由明线 | L | 面料网格 | Alt+3 |
| 全选 | Ctrl+A | | | | | 应力图 | Alt+4 |
| 反向选择 | Ctrl+I | **2D版片** | | **显示** | | 应变图 | Alt+5 |
| 失效(版片和缝切... | Ctrl+K | 编辑缝切 | B | 快捷视窗 | F12 | 试穿图 | Alt+6 |
| | | | | | | 去设置　关闭 | |

图1-19

# 项目2　裙装制作

## 任务2.1　西服半身裙建模制作

通过Style 3D软件建模制作西服半身裙，款式见图2-1，结构见图2-2。

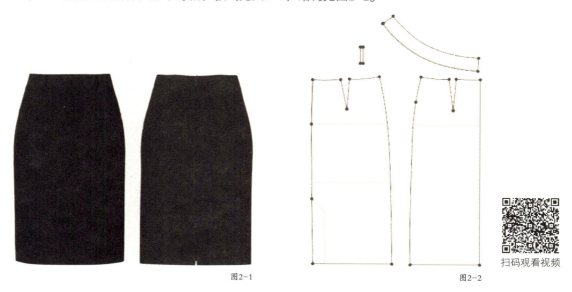

图2-1　　　　　　　　　　　　　　　　　　　图2-2

扫码观看视频

①在场景管理视窗的资源库里导入虚拟模特（图2-3），鼠标双击完成虚拟模特导入，或者单击右键选择"添加到素材"。

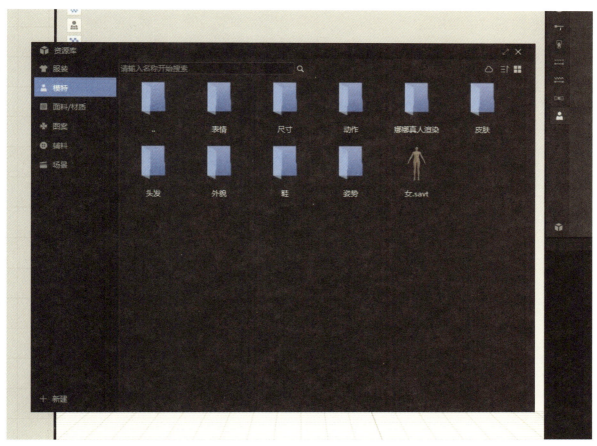

图2-3

②在文件菜单栏导入DXF文件，选中版片文件后点击打开，再点击确定导入版片（图2-4）。

图2-4

③检查版片的完整性，用开始菜单栏下的"编辑版片"工具将需要对称或克隆对称的版片补充完整。用"编辑版片"工具选中对称轴后单击右键选择"边缘对称"（图2-5）。

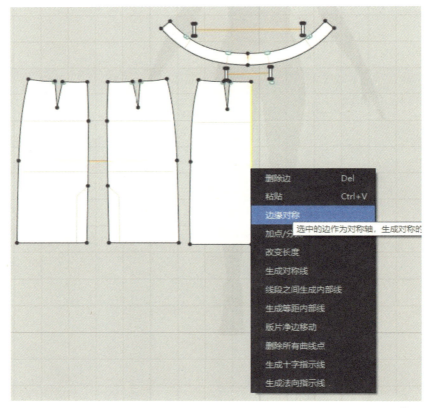

图2-5

④用开始栏下的"选择/移动"工具单击版片，根据虚拟模特投放在2D视窗中的剪影将版片移动放至对应的位置，选中所有版片之后在3D视窗中单击右键选择"重置2D安排位置"对版片在3D视窗中的位置进行重新排放（图2-6）。

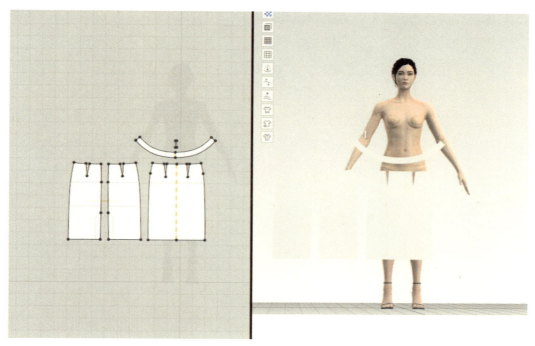

图2-6

⑤接下来在3D视窗中左上角竖排图标中点击显示安排点的位置，或者按快捷键A调出模特身上的安排点（图2-7）。

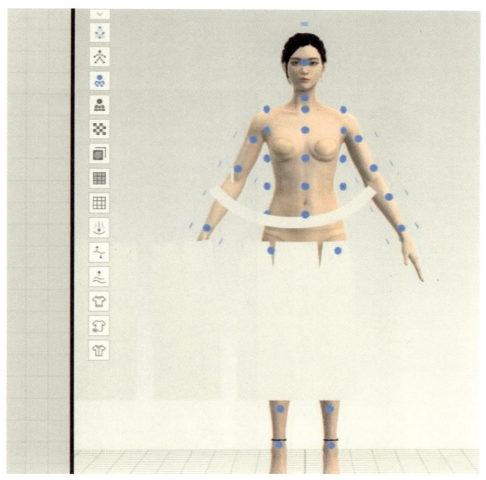

图2-7

⑥用"选择/移动"工具单击选中版片后,再单击虚拟模特身上对应位置的安排点,将版片依次放置在虚拟模特身上(图2-8)。

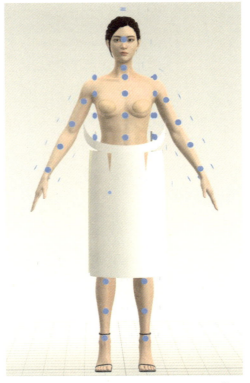

图2-8

⑦用"选择/移动"工具点击版片后会出现一个定位球,拖动定位球上的定位轴可以从不同方位去移动版片的位置[图2-9(a)],或者在属性编辑视窗中调节相对应的数值[图2-9(b)],将版片调整到最合适的状态。

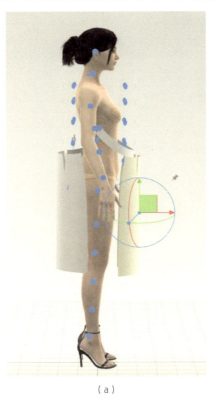

(a)

(b)

图2-9

16

⑧版片摆放好之后就需要开始缝合，用"线缝纫"工具在侧缝上直接点击，箭头的方向必须一致，否则缝纫线会出现交叉错误问题，在版片边缘有刀口和端点的情况下，"线缝纫"工具只会缝合上部分（图2-10）。

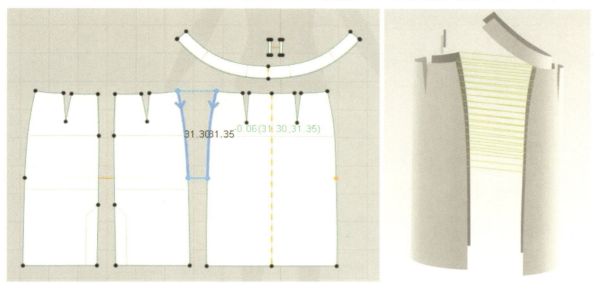

图2-10

⑨在版片前后片都是联动的情况下，缝纫一边后另一边会自动缝纫（图2-11）。

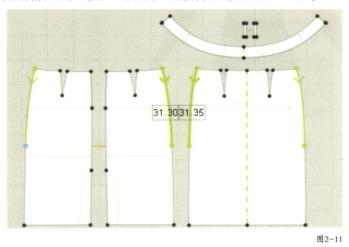

图2-11

⑩用"线缝纫"工具将裙子左右侧缝、后中、腰省依次缝合，将后衩的位置留出来（图2-12）。

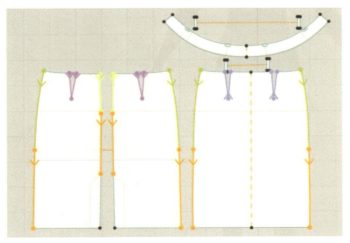

图2-12

⑪用"多段自由缝纫"工具点击腰头右边起始点一直拖动到左边的端点上，按Shift或Enter键后再从版片后中的端点开始按照顺序依次连接，连接完后再按Shift或Enter键结束（图2-13）。

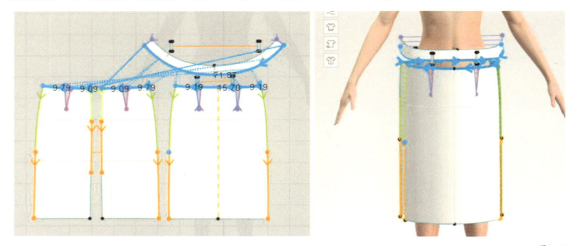

图2-13

⑫用"勾勒轮廓"工具选中腰头上的灰色内部线后单击右键勾勒为可编辑的内部线（图2-14）。

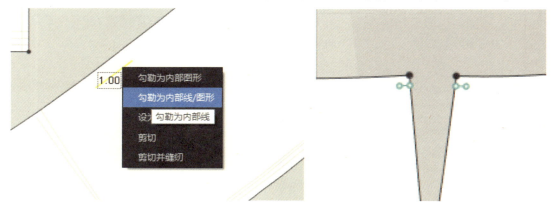

图2-14

⑬依次点击腰头侧缝上端位置（图2-15）。

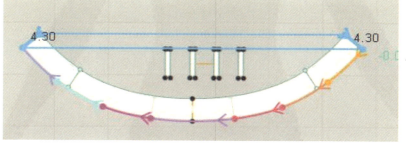

图2-15

⑭分别在2D视窗和3D视窗中将腰袢摆放到相应的位置上，以便于后面的缝合（图2-16）。

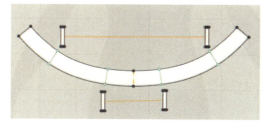

图2-16

⑮用"自由缝纫"工具从腰祥的中点向两边的端点连接，再从腰头上的内部结构线上往同一方向找距离相等的那个点，单击结束；用同样的方法分别将剩下的腰祥缝纫到腰头上（图2-17）。

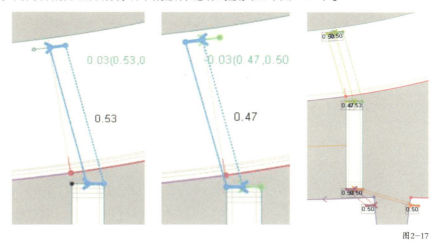

图2-17

⑯所有缝纫线缝合完成后在3D视窗中旋转检查是否有错误的地方，若有错误的地方可使用"编辑缝纫"工具去修改调整（图2-18）。

图2-18

⑰用"选择/移动"工具选中腰头后在属性编辑视窗中为版片添加粘衬，直接在方框中勾选即可（图2-19）。

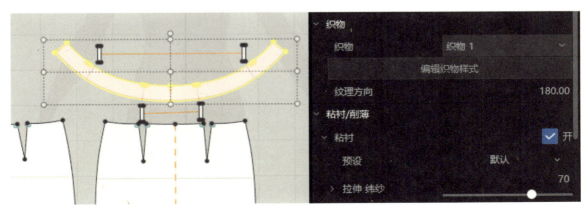

图2-19

⑱点击"模拟"或空格键查看服装的整体穿着效果，并用抓手工具进行拖拽调整（图2-20）。

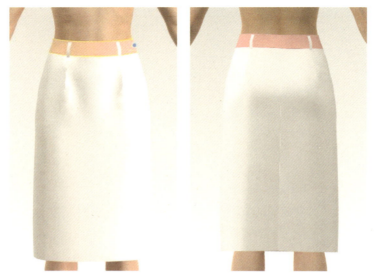

图2-20

⑲用"规拔"工具点击省尖的位置，让裙子更服帖（图2-21）。

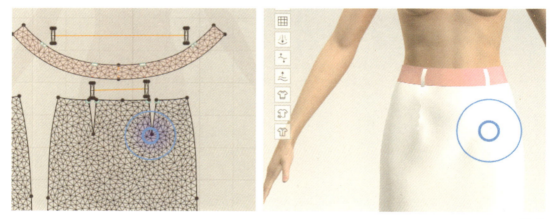

图2-21

⑳用"选择/移动"工具选中腰头后单击鼠标右键，添加裁片里布层（图2-22）。

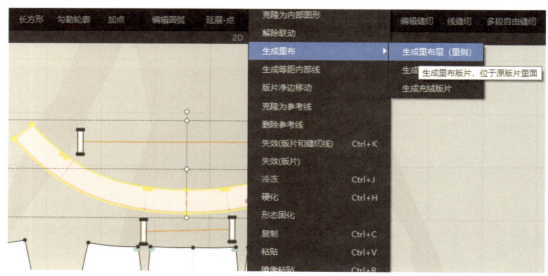

图2-22

㉑在资源库中查找合适的面料，鼠标左键双击对面料进行添加（图2-23）。

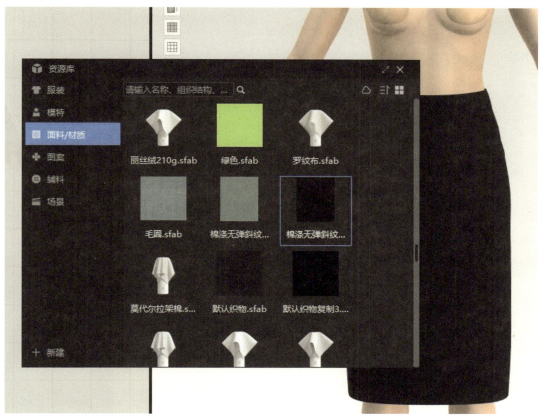

图2-23

㉒在资源库中查找隐形拉链头，将它吸附到后中的位置，用定位球调整摆放位置（图2-24）。

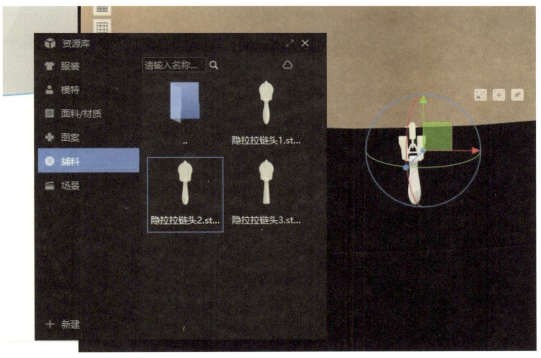

图2-24

㉓用鼠标选中拉链头后，可在属性编辑视窗中修改拉链颜色（图2-25）。

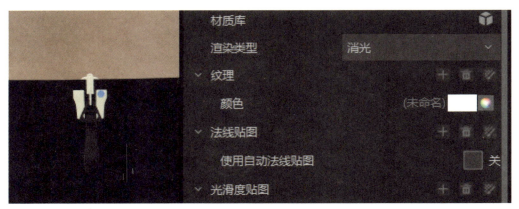

图2-25

㉔选中虚拟模特后单击鼠标右键隐藏虚拟模特。打开工具栏下的"离线渲染",对图片属性和灯光属性进行调整,转动鼠标调整渲染角度,点击"同步"进行实时渲染,时间长短根据图片的清晰度来确定(图2-26)。

图2-26

## 任务2.2 百褶裙建模制作

通过Style 3D软件制作百褶裙款式见图2-27,结构见图2-28。

图2-27

图2-28

①打开软件后在资源库中双击添加虚拟模特（图2-29）。

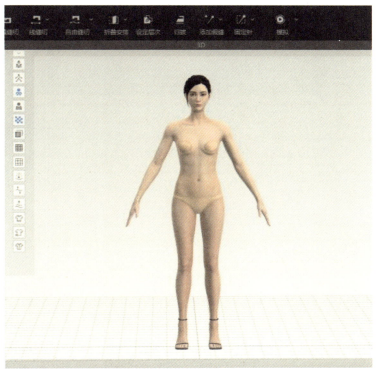

扫码观看视频

图2-29

②导入百褶裙DXF文件并调整摆放位置。在2D视窗中选中全部版片后，在3D视窗中单击右键选择"重置2D安排位置"（图2-30）。

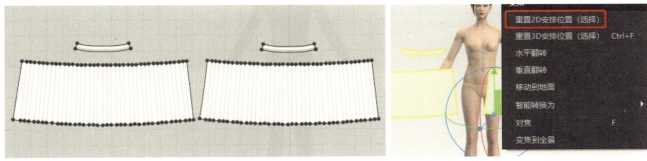

图2-30

③用"勾勒轮廓"工具框选版片内部线，单击右键选择"勾勒为内部线/图形"（图2-31）。

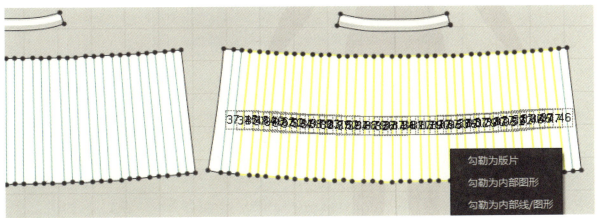

图2-31

④按快捷键A调出虚拟模特身上的安排点（图2-32）。

⑤在3D视窗中将百褶裙的前后片依次置于虚拟模特对应的位置（图2-33）。

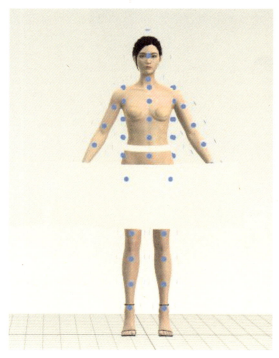

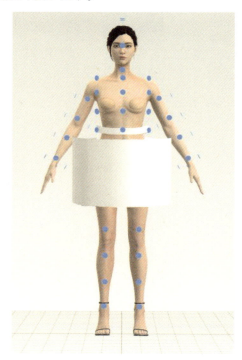

图2-32                                                                                          图2-33

⑥用"翻折褶皱"工具下的"翻折褶裥"工具顺着褶裥的倒向在左边的空白处单击再到右边的空白处双击结束。在对话框中选择"顺褶"，调整每个褶裥的内部线数量为3（图2-34）。

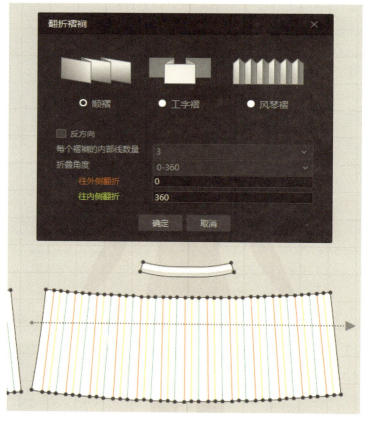

图2-34

⑦用"翻折褶皱"工具下的"缝纫褶裥"工具点击腰头的一端后在另一端单击结束，再单击裙片的一端然后在另一端单击结束，两条缝纫线都顺着一个方向将裙片跟腰头缝合（图2-35）。

图2-35

⑧用"线缝纫"工具点击侧缝左右上端将两边侧缝缝合（图2-36）。

图2-36

⑨用同样的方式将前后腰头连接起来（图2-37）。

图2-37

⑩在3D视窗中切换视角查看缝纫线是否有交叉错误（图2-38）。

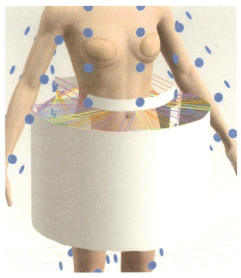

图2-38

25

⑪用"选择/移动"工具选中腰头，在属性编辑视窗中将粘衬打开，模拟时使版片不容易拉伸变形（图2-39）。

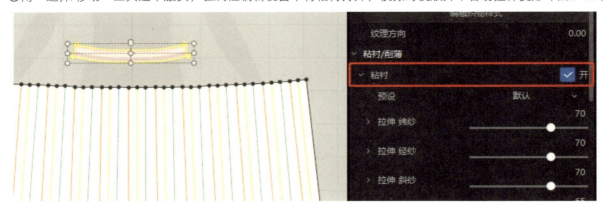

图2-39

⑫点击"模拟"或空格键查看服装穿着状态（图2-40）。

图2-40

⑬选中前后裙片，单击鼠标右键选择"硬化"（图2-41）。

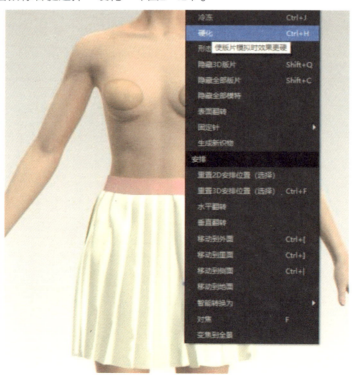

图2-41

⑭将前后腰头冷冻，在模拟状态下左右切换视角用鼠标抓手对裙子褶皱进行拖拽调整，将褶子的方向调整到一致（图2-42）。

图2-42

⑮调整完后选中版片单击右键将腰头解冻，前后裙片解除硬化（图2-43）。

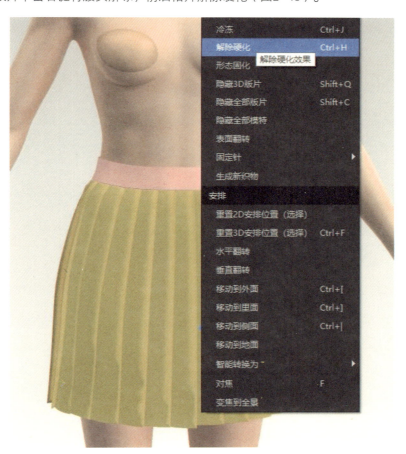

图2-43

⑯使用"选择/移动"工具框选所有版片，在属性编辑视窗中将粒子间距设为5～10mm（图2-44）。

图2-44

⑰在3D视窗将衬的颜色样式关掉（在3D视窗左上角竖排图标中的倒数第二个图标），方便上面料织物（图2-45）。

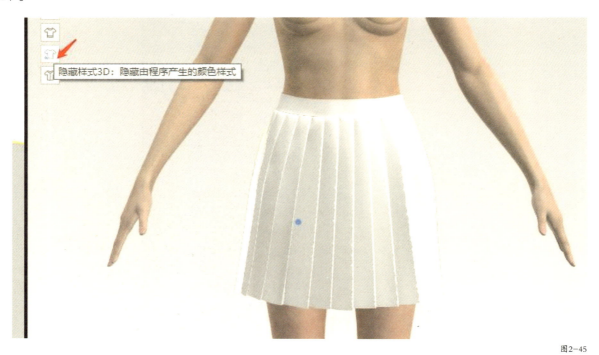

图2-45

⑱选中织物，在属性编辑视窗中点击纹理对应的"+"号，打开文件夹选中面料纹理贴图后点击"打开"添加（图2-46）。

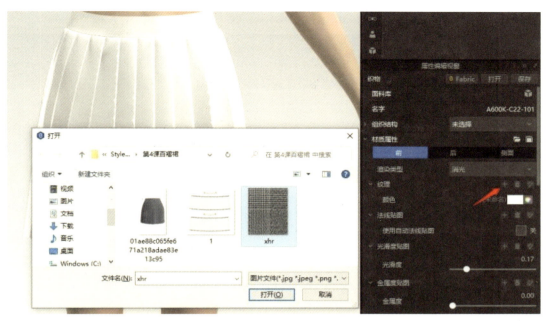

图2-46

⑲面料纹理添加完成后将虚拟模特隐藏，对服装细节进行调整，在3D视窗竖排图标中点击"显示面料厚度"（图2-47）。

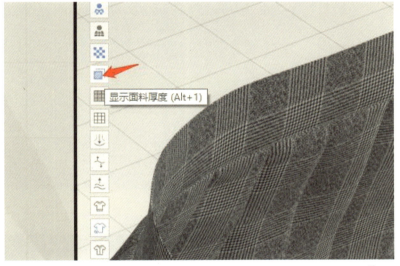

图2-47

⑳用"选择/移动"工具选择腰头，将属性编辑视窗中"额外渲染厚度"设为2mm（图2-48）。

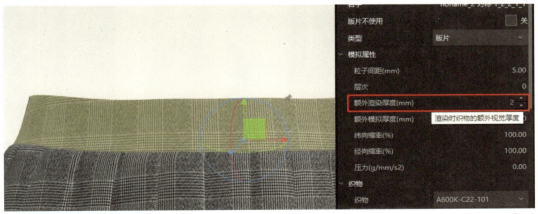

图2-48

㉑用素材工具栏下的"线段明线"工具点击腰头下口添加明线（图2-49）。

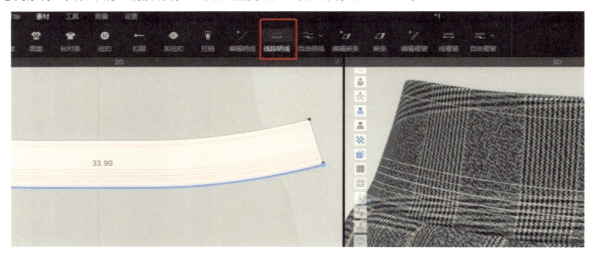

图2-49

㉒在场景管理视窗中点击明线，然后在属性编辑视窗里将明线的宽度设为0.06cm，到边距设为0.1cm（图2-50）。

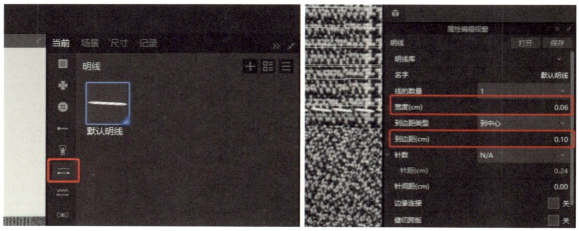

图2-50

㉓最后进行图片渲染（图2-51）。

图2-51

# 项目3　连衣裙制作

## 任务3.1　变款旗袍裙建模制作

通过Style 3D软件制作变款旗袍裙，款式见图3-1，结构见图3-2。

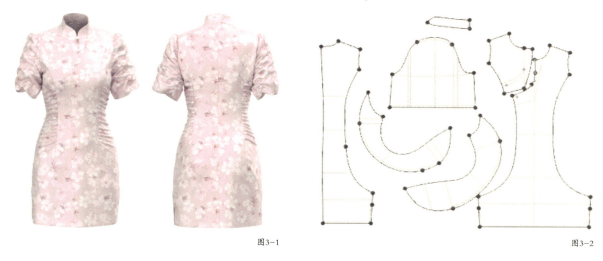

图3-1　　　　　　　　　　　　　　　　　　　　图3-2

①导入变款旗袍DXF文件，并从资源库中导入虚拟模特（图3-3）。

扫码观看视频

图3-3

②将版片补充完整，使用快捷键Ctrl+D对称复制（图3-4）。

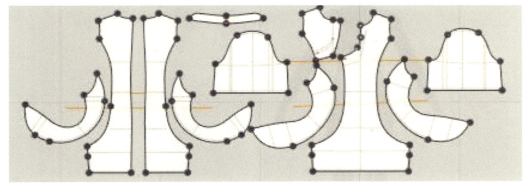

图3-4

③框选所有版片，在3D视窗中单击右键重置2D安排位置，将版片重新排列（图3-5）。

图3-5

④调出安排点选中前片后点击模特腹部对立的安排点，再根据实际情况使用定位球调整版片之间的距离（图3-6）。

⑤选中袖子后点击虚拟模特手臂上方的安排点（图3-7）。

图3-6

图3-7

⑥将视角切换到模特背部，选中后片点击背部安排点，将后片依次安排到虚拟模特身上（图3-8）。

图3-8

⑦将领子也安排到后颈点上（图3-9）。

图3-9

⑧用"勾勒轮廓"工具同时按住Shift键选中版片内部线，单击右键选择"勾勒为内部线/图形"（图3-10）。

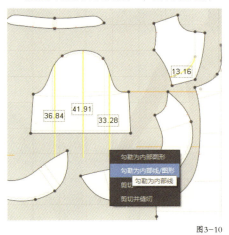

图3-10

⑨用"编辑版片"工具选中延伸到版片外部的内部线端点，单击右键选择"对齐到"—"净边"（图3-11）。

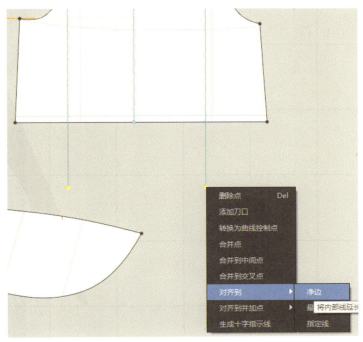

图3-11

⑩用"线缝纫"工具依次点击版片的边，保持箭头的方向一致，将前片的所有裁片连接起来（图3-12）。

⑪同样地用"线缝纫"工具将后片裁片连接（图3-13）。

⑫用"自由缝纫"工具连接服装侧缝（图3-14）。

图3-12　　　　　　　　　　　图3-13　　　　　　　　　　　图3-14

⑬将左右肩缝和领子也用"线缝纫"工具缝合（图3-15）。

⑭接下来用"自由缝纫"工具从袖笼底开始将袖子连接到衣片上（图3-16）。

图3-15　　　　　　　　　　　图3-16

⑮用"编辑版片"工具将需要抽褶的线段选中后在属性编辑视窗中勾选"弹性"（图3-17）。

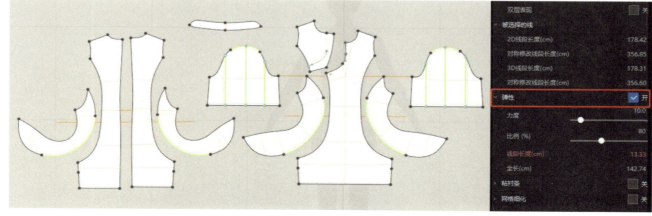

图3-17

⑯转动视角检查缝纫线是否正确后，按空格键模拟（图3-18）。

⑰在2D视窗中用"自由缝纫"工具将前片需要缝合的地方连接 （图3-19）。

 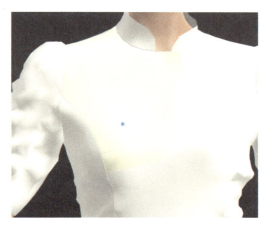

图3-18                    图3-19

⑱选中左前片，在属性编辑视窗中把层次改为-1（图3-20）。

图3-20

⑲用抓手工具将左前片拽到里面，隐藏掉多余的部分，再用"线缝纫"工具将前中固定（图3-21）。

⑳在模拟状态下，在资源库中将虚拟模特手臂放下，并在属性编辑视窗中为领子加上衬（图3-22）。

图3-21                    图3-22

㉑在素材编辑栏下找到"纽扣"工具，在2D视窗中根据款式需求在纽扣位上点击添加纽扣（图3-23）。

㉒开启"隐藏3D样式"，在场景管理视窗中点击纽扣，然后在属性编辑视窗中修改纽扣样式，将尺寸改为1.4cm，材质改为反光（图3-24）。

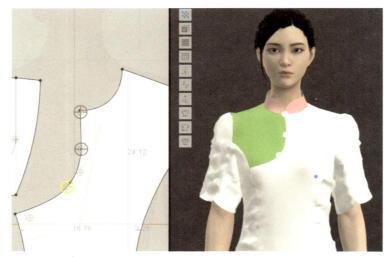

图3-23　　　　　　　　　　　　　　　　　　图3-24

㉓用"编辑版片"工具点选前中和后中的侧缝线，在属性编辑视窗中将"粘衬条"打开（图3-25）。

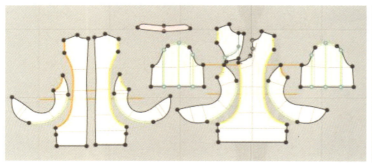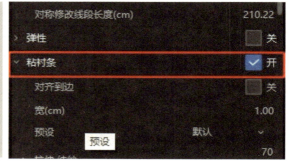

图3-25

㉔在"选择/移动"工具下框选所有版片；将粒子间距设为5mm，然后模拟，并用抓手工具将起皱的地方拖拽平整（图3-26）。

图3-26

㉕点击织物，在属性编辑视窗中添加面料纹理（图3-27）。

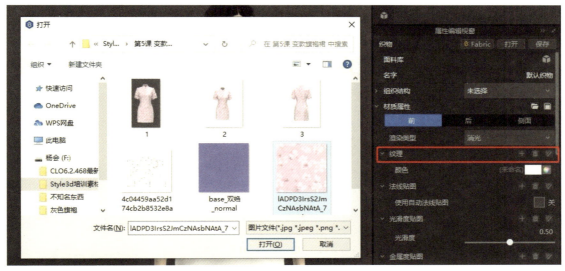

图3-27

㉖使用素材栏下的"编辑纹理"工具通过拖动2D视窗中右上角的坐标轴来改变织物纹理的图案大小以及纹理方向（图3-28）。

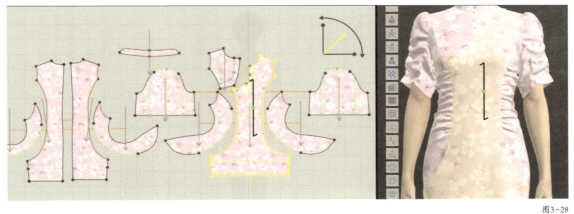

图3-28

㉗关闭模拟后进行同步渲染（图3-29）。

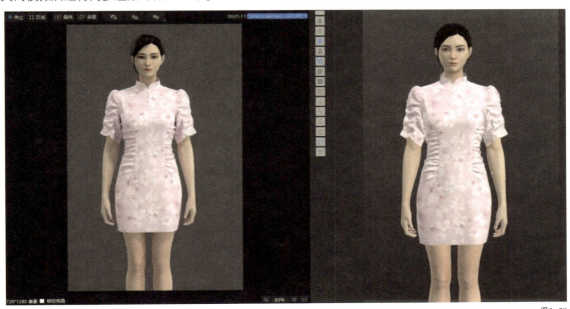

图3-29

## 任务3.2　抽褶流苏连衣裙建模制作

通过Style 3D软件制作抽褶流苏连衣裙，款式见图3-30，结构见图3-31。

图3-30　　　　　　　　　　　　　　　　　　　　　　　　图3-31

①导入版片DXF文件（图3-32）和虚拟模特。

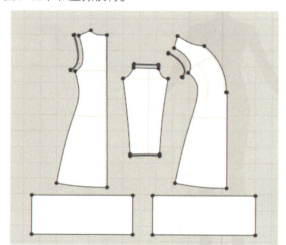

扫码观看视频

图3-32

②将版片补充完整重新摆放位置后全选，在3D视窗中重置2D安排位置（图3-33）。

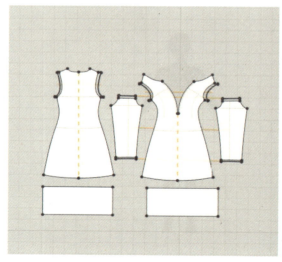

图3-33

③调出安排点，点击所有前片，点击虚拟模特腹部的安排点，然后再使用定位球调整位置（图3-34）。

④将视角切换到虚拟模特后背，选中所有后片，点击虚拟模特后腰的安排点，同样使用定位球调整版片位置（图3-35）。

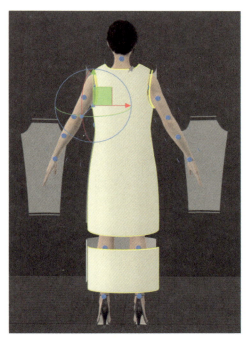

图3-34　　　　　　　　　　　　　　　　　　　　　图3-35

⑤用同样的方式将袖子所有版片安排到虚拟模特身上（图3-36）。

图3-36

⑥用"线缝纫"工具将袖口和袖笼的切条连接到衣身上（图3-37）。

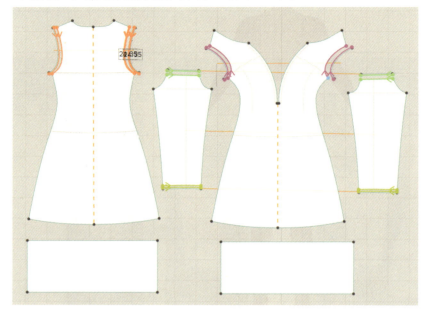

图3-37

⑦用"线缝纫"工具分别点击前后侧缝和肩缝，确保箭头方向一致（图3-38）。

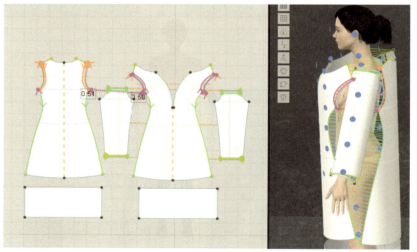

图3-38

⑧缝合底摆和袖底缝（图3-39）。

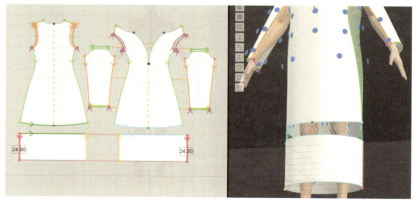

图3-39

⑨用"自由缝纫"工具从袖笼底开始将袖子缝合到衣片上（图3-40）。

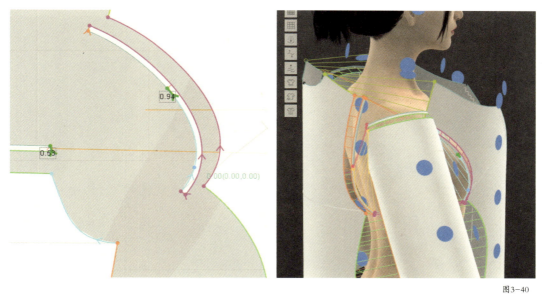

图3-40

⑩用"编辑版片"工具点击前衣片需要抽褶的线段，在属性编辑视窗中将"弹性"打开。将力度调到10，线段长度设为20cm（图3-41）。

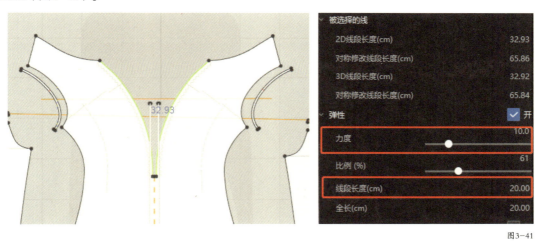

图3-41

⑪使用"拉链"工具点击后片中点，经过后片颈肩点后从前片颈肩点到前胸拉链止口点，双击结束（图3-42）。

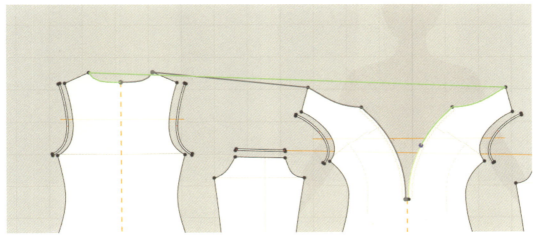

图3-42

⑫用"选择/移动"工具选中拉头后按住鼠标左键直接拖动拉头，拖到前胸相对合适的位置（图3-43）。

图3-43

⑬按空格键模拟（图3-44）。

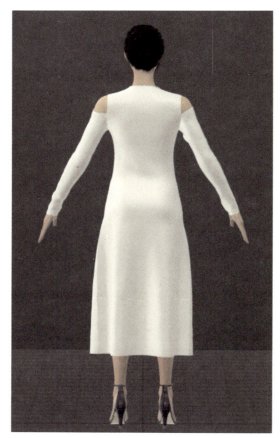

图3-44

⑭选中拉链后，在属性编辑视窗中修改拉链宽度为0.3cm，修改拉头、拉止样式，将拉头、拉止的大小改为70%（图 3-45）。

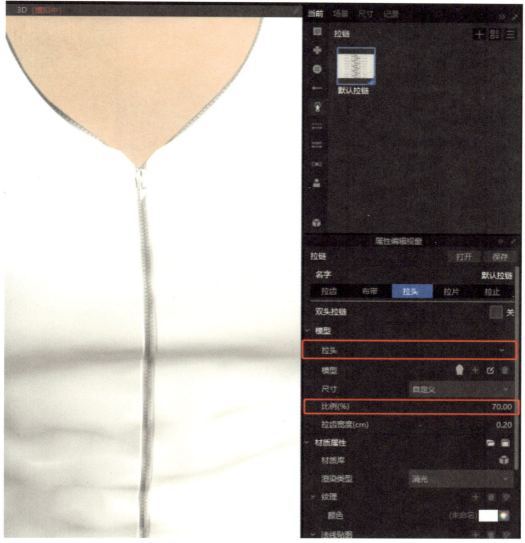

图3-45

⑮关闭模拟点击拉头，调节拉头上的定位球，将拉头调整到合适的位置，使其和衣服之间不会有穿透（图3-46）。

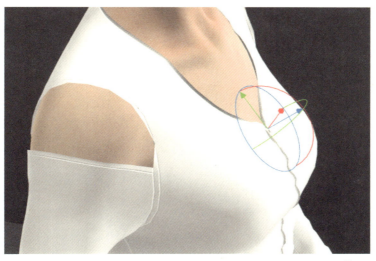

图3-46

⑯用"编辑版片"工具点击底摆侧缝线，单击右键选择"生成等距内部线"，在弹窗中将间距设为0.7cm，扩张数量为86（图3-47）。

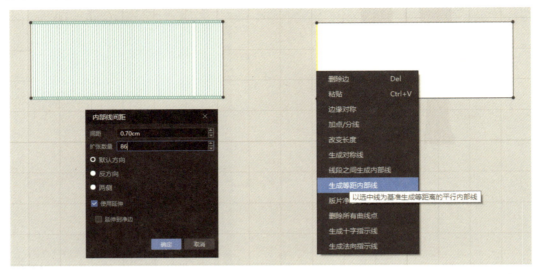

图3-47

⑰用"编辑版片"工具框选底摆上口所有的内部线顶点，按住鼠标左键不放往下拖动2cm（图3-48）。

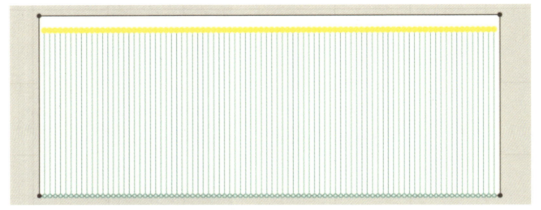

图3-48

⑱再次框选所有内部线，单击右键选择"剪切"（图3-49）。

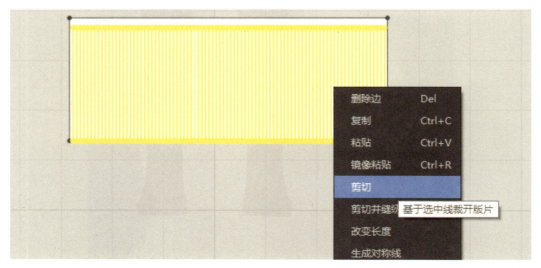

图3-49

⑲用"选择/移动"工具选中袖子切条，单击右键选择"生成里布层（里侧）"，将袖口和肩膀两边都复制出来（图3-50）。

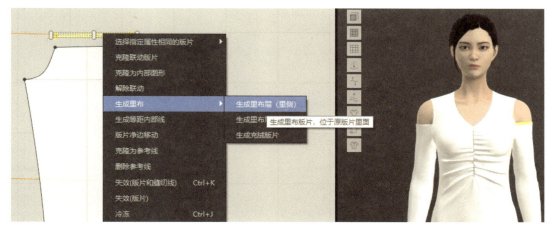

图3-50

⑳点击织物，在属性编辑视窗中添加"法线贴图"，并将颜色改为黑色（图3-51）。

图3-51

㉑选中所有版片，将所有版片的粒子间距设为5～10mm（图3-52）。

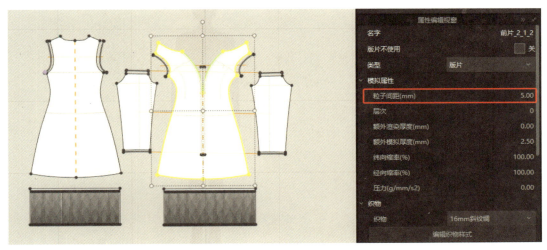

图3-52

㉒关闭模拟进行同步渲染（图3-53）。

图3-53

# 项目4　衬衣制作

## 任务4.1　男衬衫建模制作

通过Style 3D软件建模制作男式衬衫，款式见图4-1，结构见图4-2。

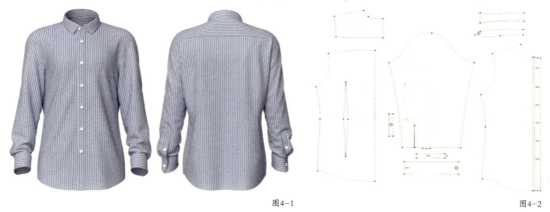

图4-1　　　　　　　　　　　　　　　　　　　　　　　　图4-2

①在"资源库"中添加虚拟模特素材，导入"DXF"版片（图4-3）。

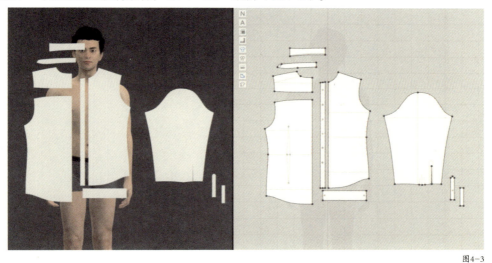

图4-3

②使用快捷键Ctrl+D克隆对称版片和缝纫线把不完整的版片补齐，在2D窗口中围绕3D人物的剪影对版片进行规律摆放（图4-4）。

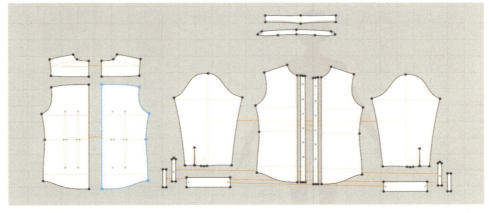

图4-4

③在2D窗口中用"选择/移动"工具框选所有版片，在3D窗口中右键单击重置2D安排位置（图4-5）。

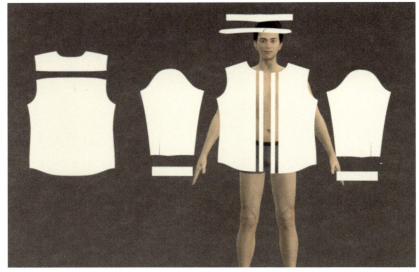

图4-5

④打开"安排点"，选中版片，点击虚拟模特身上的蓝色安排点，把版片安排到虚拟模特相应的部位（图4-6）。

图4-6

⑤用"勾勒轮廓"工具勾勒袖开衩、门襟、后片省道位置的基础线，可按Shift键进行加选（图4-7）。

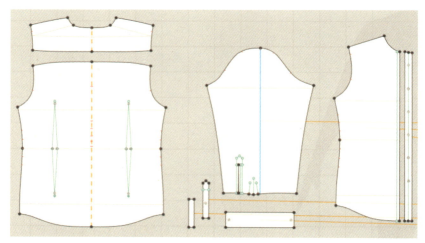

图4-7

⑥用"选择/移动"工具选中后片省道线,单击右键将其转化为洞,或者点击剪切,把多余的版片删掉即可(图4-8)。

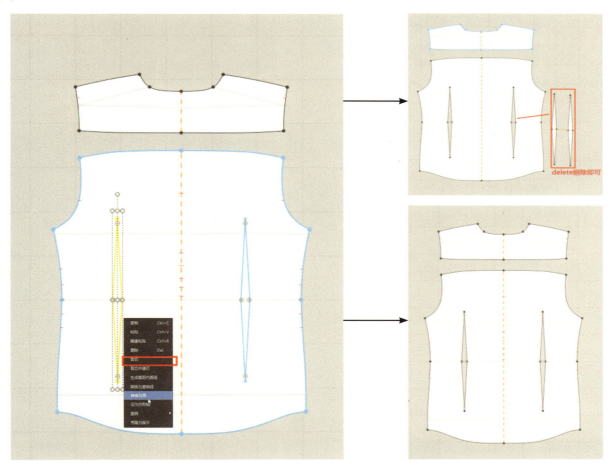

图4-8

⑦用"线缝纫"工具对前门襟、肩线、侧缝、后中省道位置进行缝合,在缝纫时注意缝纫的方向(图4-9)。

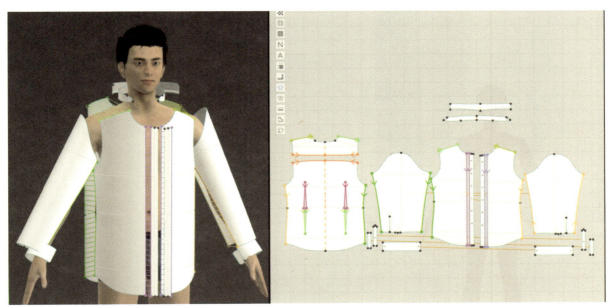

图4-9

⑧用"自由缝纫"工具对领片和领窝进行缝合,从领座中间向两侧进行缝合,按住Shift键从领窝中间点向侧颈点缝合,再从前片侧颈点缝合至门襟处,松开Shift键(图4-10)。

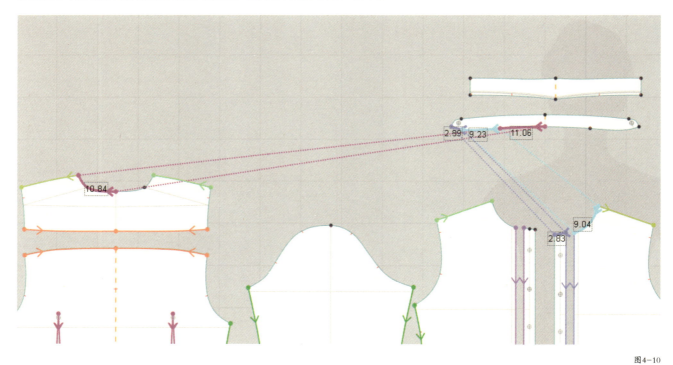

图4-10

⑨用"多段自由缝纫"工具对袖子进行缝纫,点击要缝纫的第一组线后回车,之后依次点击要缝纫的第二组线回车,生成多段线缝纫,注意缝纫的方向(图4-11)。

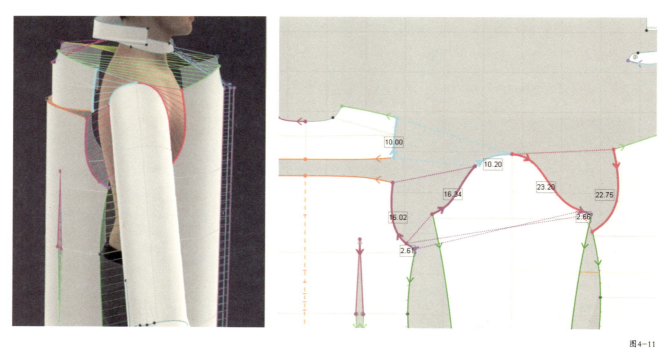

图4-11

⑩将袖开衩与袖片进行缝合,在缝纫的类型中选择合缝(图4-12)。

⑪勾勒袖子褶的翻折线,设置翻折线角度分别为 0°、360°(图4-13)。

⑫对袖口褶进行缝纫,从褶中心点向左右两边缝合,再从褶的端点向右边缝合至等长的位置(图4-14)。

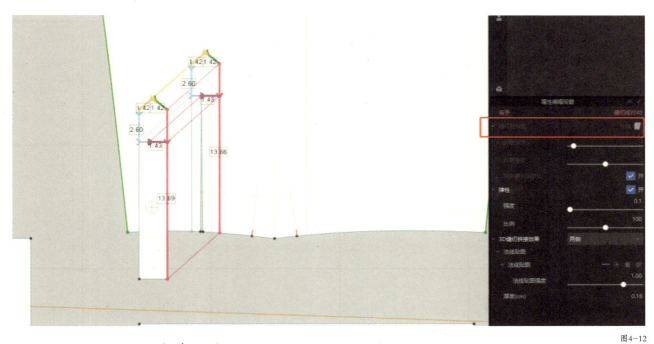

图4-12

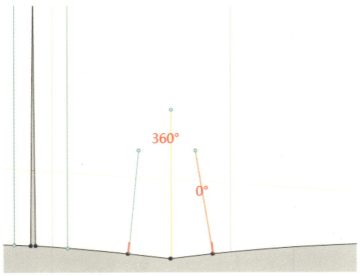

图4-13

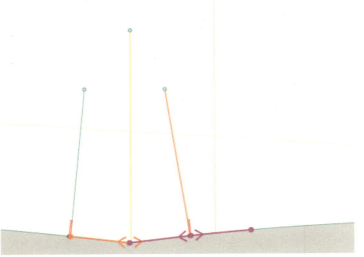

图4-14

⑬用"自由缝纫"工具从左到右缝合袖口版片，按住Shift键从袖开衩位置开始缝纫，绕过褶裥缝合至另一边的袖开衩处，松开Shift键（图4-15）。

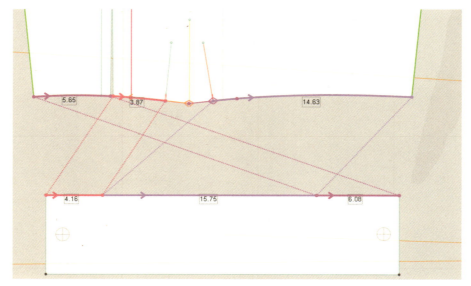

图4-15

⑭将所有的版片缝合之后，打开模拟状态更改虚拟模特的姿势（图4-16）。

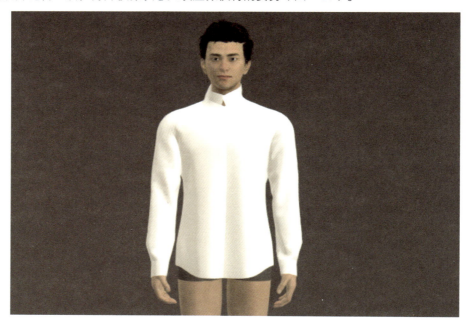

图4-16

⑮用"勾勒轮廓"工具勾勒领片的翻折线（图4-17）。

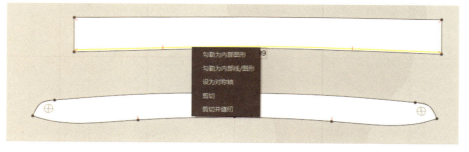

图4-17

⑯用"编辑版片"工具在领片翻折线处右键单击生成等间距内部线，间距为0.1cm，用"折叠安排"工具翻折领片（图4-18）。

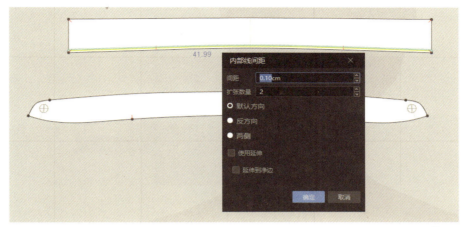

⑰调整三条内部线的角度为210°左右，降低粒子间距，领面、领座添加粘衬效果（图4-19）。

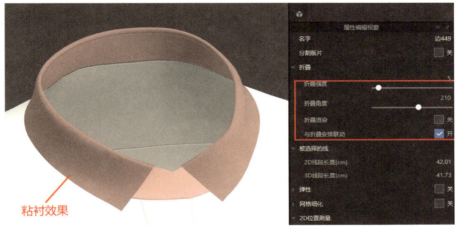

⑱给前门襟和袖克夫处添加粘衬效果，增加面料的硬挺度（图4-20）。

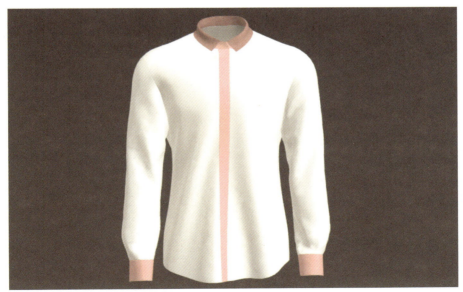

⑲用"选择/移动"工具在领面、领底、门襟及袖克夫的版片上右键单击"生成里布层（外侧）"（图4-21）。

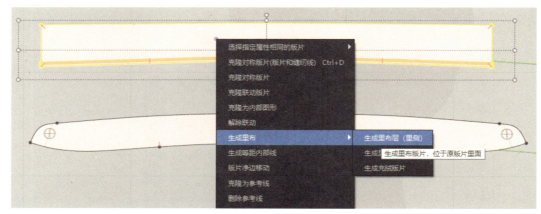

图4-21

⑳删除两个领面翻折线处的缝纫线，模拟厚度为0，渲染厚度为1.5mm，可根据实际效果调整版片的"渲染厚度"和"模拟厚度"（图4-22）。

图4-22

㉑点击面料添加条纹纹理效果（图4-23）。

图4-23

㉒用素材下面的"编辑纹理"工具单击版片调整纹理的方向（图4-24）。

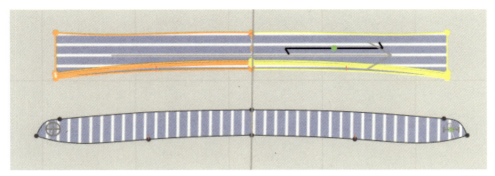

图4-24

㉓添加纽扣，用"纽扣"和"扣眼"工具在门襟线上右键单击沿线同时生成多个纽扣和扣眼（图4-25）。

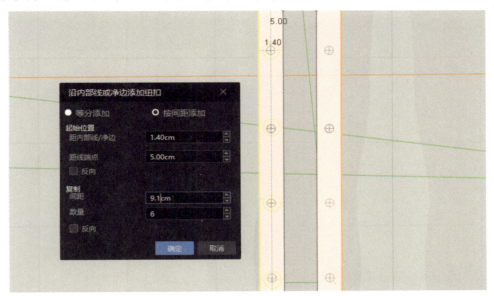

图4-25

㉔用"系纽扣"工具把纽扣和扣眼系起来（图4-26）。

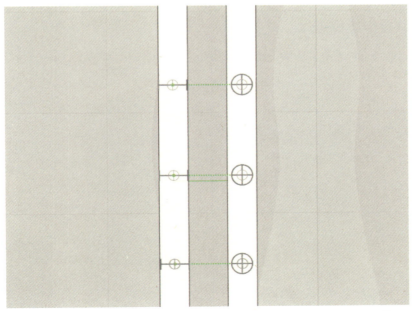

图4-26

㉕在袖口处添加纽扣、扣眼并用"系纽扣"工具连接起来（图4-27）。

图4-27

㉖关闭模拟，选择工具栏下的"离线渲染"工具对做好的衣服进行高清图片的渲染（图4-28）。

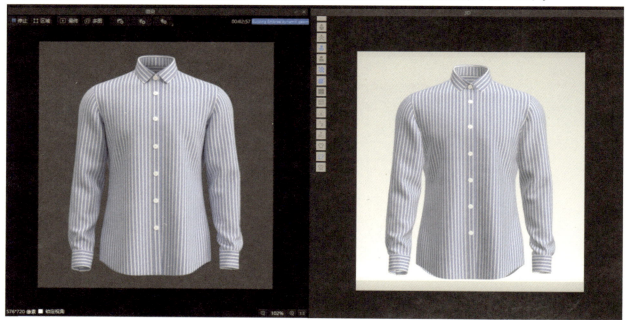

图4-28

## 任务4.2　衬衣套装叠穿建模制作

通过Style 3D软件建模制作衬衣套装叠穿，款式见图4-29，结构见图4-30。

扫码观看视频

图4-29

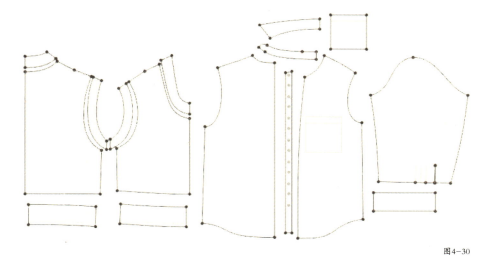

图4-30

①从文件栏导入版片DXF文件，从资源库添加虚拟模特（图4-31）。

图4-31

②将版片的左右片补充完整（图4-32）。

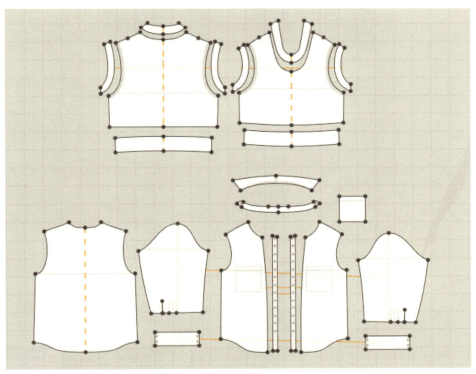

图4-32

③围绕虚拟模特投放在2D视窗中的剪影冷版片重新排放，然后在3D视窗中重置2D安排位置（图4-33）。

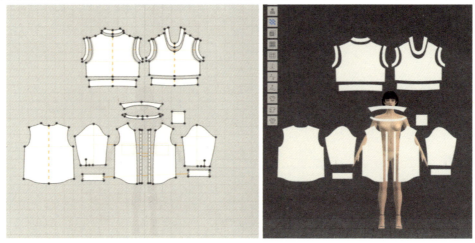

图4-33

④打开安排点，将衬衣版片由前到后地安排到虚拟模特身上（图4-34）。

图4-34

⑤用"勾勒轮廓"工具将前片口袋位、领子的翻折线以及袖口褶裥的中线勾勒为可编辑的内部线（图4-35）。

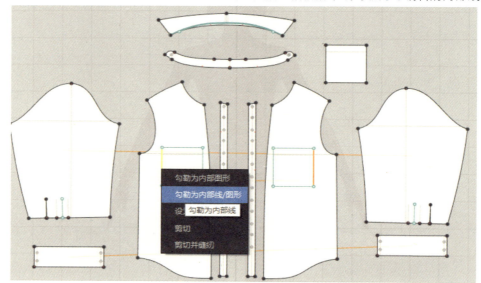

图4-35

⑥用"线缝纫"工具将衬衫的左右侧缝、肩缝还有胸贴袋连接起来（图4-36）。

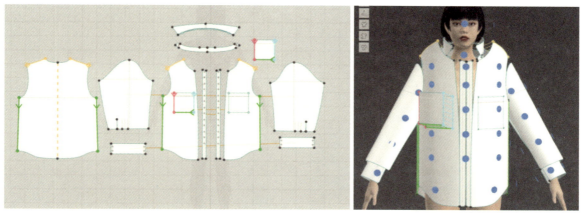

图4-36

⑦用"自由缝纫"工具将左右袖笼和领子连接到衣身上（图4-37）。

图4-37

⑧用"自由缝纫"工具将袖底缝缝合，点击袖口褶裥中点再分别单击左右两边的点后结束，同时在属性编辑视窗中将"平缝"改为"合缝"。再根据褶裥的倒向以右边的点为中点，以同样的方式往两边再次缝合，同样将"平缝"改为"合缝"（图4-38）。

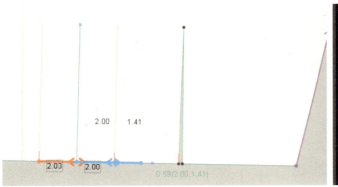
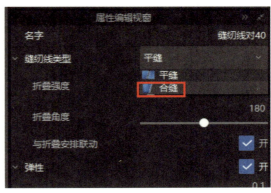

图4-38

59

⑨用"自由缝纫"工具点击袖克夫的任意一端点到另一端点后按Enter键，再从袖口处的袖衩开始连接，从右到左避开褶裥的位置依次连接，按Enter键结束（图4-39）。

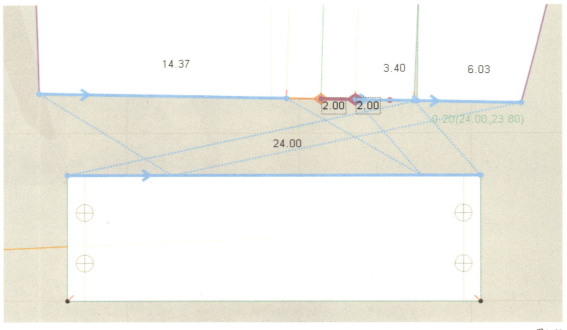

图4-39

⑩在素材工具栏下点击"纽扣"工具，直接在版片的纽扣位上单击左键添加纽扣，单击鼠标右键可将纽扣转化为扣眼，同时在属性编辑视窗中设置纽扣的宽度为1.3cm，扣眼宽度设置为1.4cm（图4-40）。由于衬衣是在马甲里面的，为了减少版片的碰撞抖动，门襟中间的纽扣省略掉。

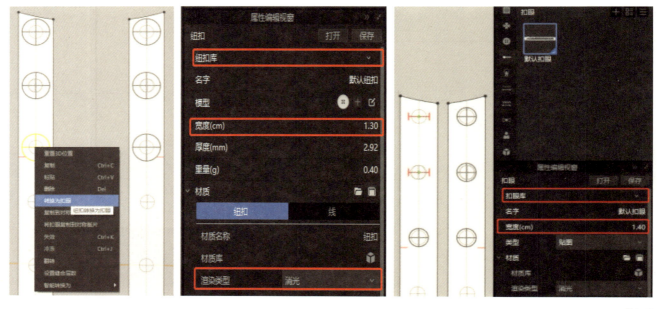

图4-40

⑪将马甲裁片选中后冷冻，按空格键模拟，用抓手工具调整服装穿透的部位（图4-41）。

⑫选中领面单击右键选择"硬化"，用"编辑版片"工具选中领面的翻折线，在属性编辑视窗中将折叠角度调节到320，模拟后用抓手工具将领面翻折过去（图4-42）。

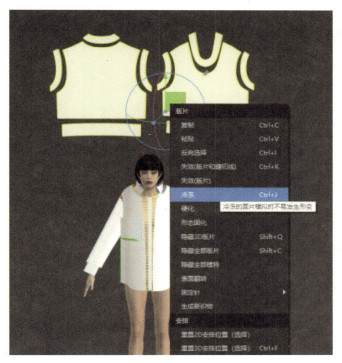
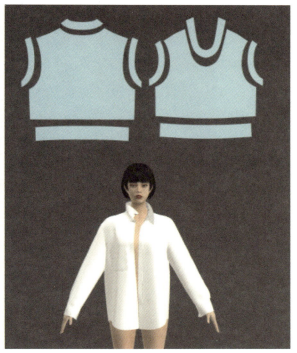

图4-41

图4-42

⑬在模拟状态下将领座纽扣的那一端拖拽到扣眼的下面，按住鼠标不动解除模拟，将纽扣冷冻，再用"系纽扣"工具将领座上的扣子系起来，解冻纽扣后模拟（图4-43）。

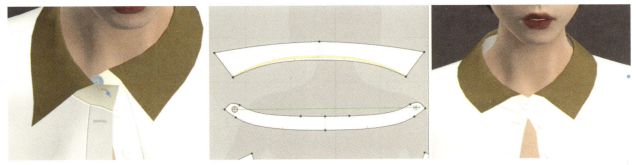

图4-43

61

⑭用同样的方式将门襟和袖口的纽扣系上（图4-44）。

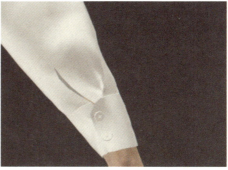

图4-44

⑮用"自由缝纫"工具将门襟中段没有添加纽扣的部分重叠缝合（图4-45）。

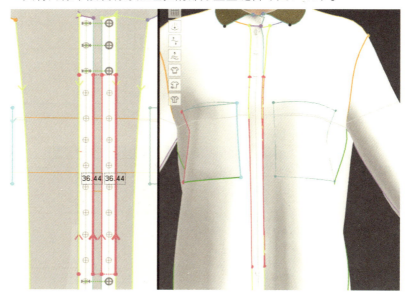

图4-45

⑯关闭模拟将衬衣冷冻，马甲解冻，打开安排点（图4-46）。

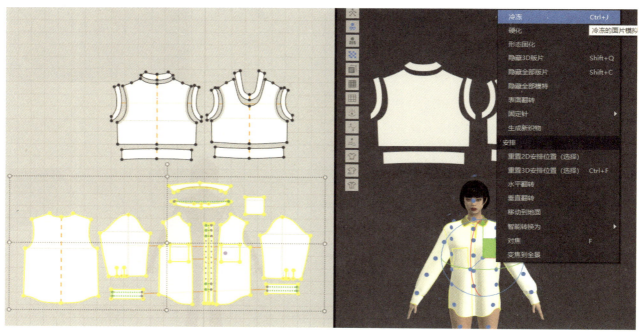

图4-46

⑰将马甲的版片重新安排到虚拟模特身上（图4-47）。

图4-47

⑱关闭安排点，用"线缝纫"工具将马甲前后片缝合（图4-48）。

图4-48

⑲按空格键模拟，用抓手工具调整马甲（图4-49）。

图4-49

⑳将衬衣解除冷冻后模拟，同时选中领面和领座，在属性编辑视窗中将粘衬打开（图4-50）。

图4-50

㉑在3D视窗中点击领面单击右键选择"表面翻转"（图4-51）。

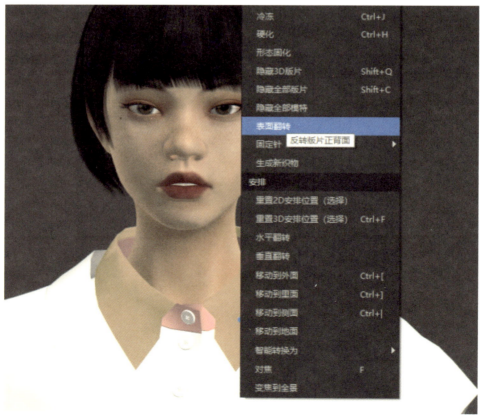

图4-51

㉒在模拟状态下在资源库中更换虚拟模特姿势，并打开隐藏样式3D（图4-52）。

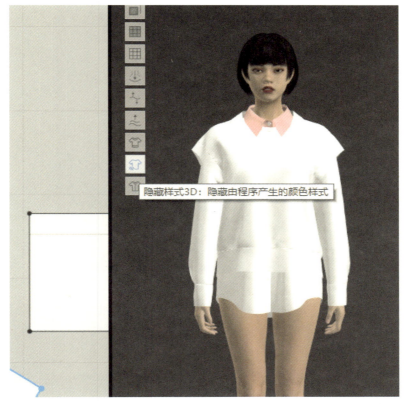

图4-52

㉓在场景管理视窗中点击织物，在属性编辑视窗中添加法线贴图（图4-53）。

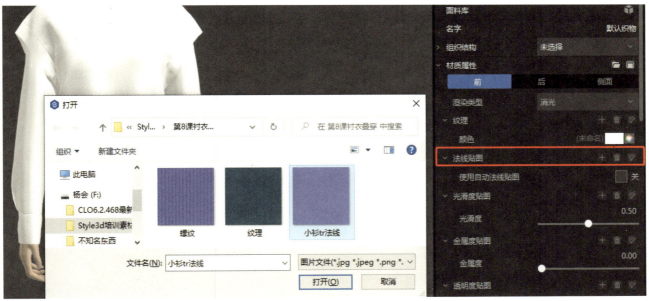

图4-53

㉔在场景管理视窗中新建织物（图4-54）。

㉕在属性编辑视窗中给新的织物添加颜色（图4-55）。

㉖选中马甲前后片后，点击新创建的织物单击右键点击"应用到选中版片"（图4-56）。

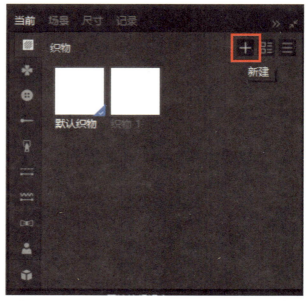

图4-54

图4-55

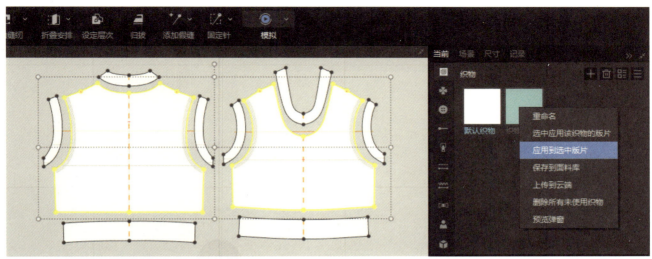

图4-56

㉗用同样的方式再新建一块织物（图4-57）。

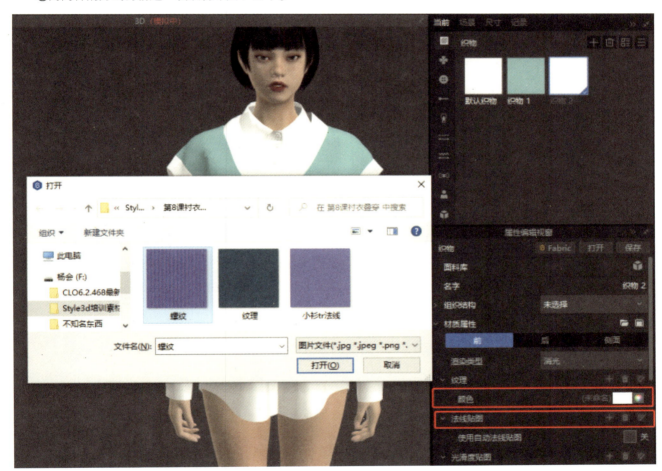

图4-57

㉘将新建的织物添加到马甲的底摆、袖口、领口处（图4-58）。

㉙在场景管理视窗中新建明线。在属性编辑视窗中将明线的宽度设为2.01cm，到边距设为0.5cm，针距设为1cm，针间距设为0.7cm，并在明线库中选择明线样式（图4-59）。

㉚用"明线"工具点击版片边缘将新建的明线添加到马甲的底摆、袖口、领口处（图4-60）。

67

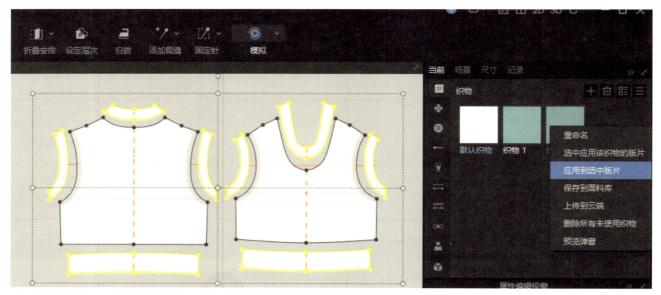

图4-58

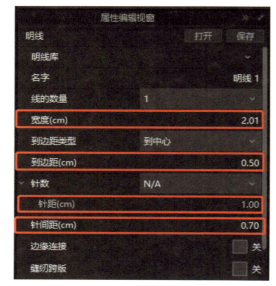
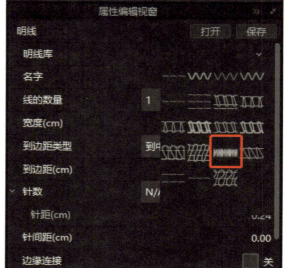

图4-59

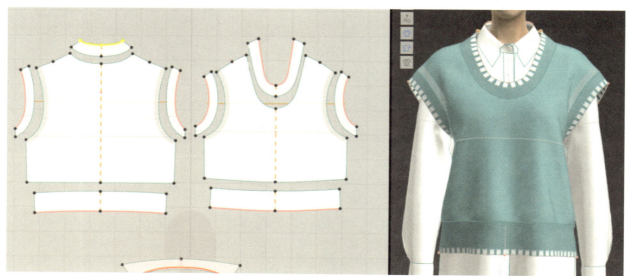

图4-60

㉛在2D视窗中用"编辑纹理"工具拖动右上角的坐标轴，将下摆、领口、袖口的螺纹面料放大（图4-61）。

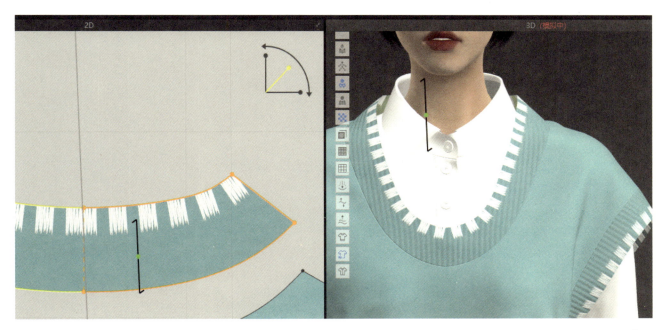

图4-61

㉜框选所有版片，将粒子间距设为5～10mm，按空格键模拟（图4-62）。

图4-62

㉝调整服装整体穿着细节，关闭模拟后隐藏虚拟模特进行同步渲染（图4-63）。

图4-63

# 项目5 西服制作

## 任务5.1 女款翻领小西服建模制作

通过Style 3D软件建模制作女款翻领小西服，款式见图5-1，结构见图5-2。

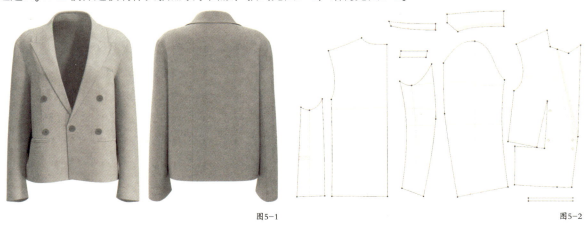

图5-1　　　　　　　　　　　　　　　　　　　　　　　　　　　　图5-2

①导入版片的DXF格式文件，并在资源库中添加虚拟模特（图5-3）。

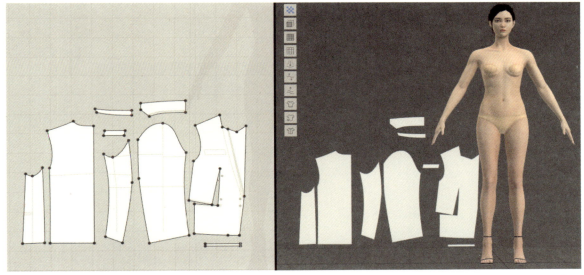

图5-3

②将版片补充完整（图5-4）。

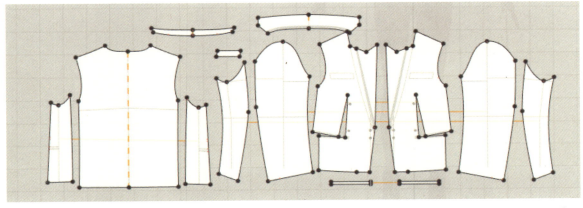

图5-4

③将版片围绕虚拟模特剪影排放，并在3D视窗中重置2D安排位置（图5-5）。

图5-5

④打开安排点，将版片安排到虚拟模特身上（图5-6）。

图5-6

⑤用"勾勒轮廓"工具将领子的翻折线、前片和中片的口袋位勾勒为可编辑内部线（图5-7）。

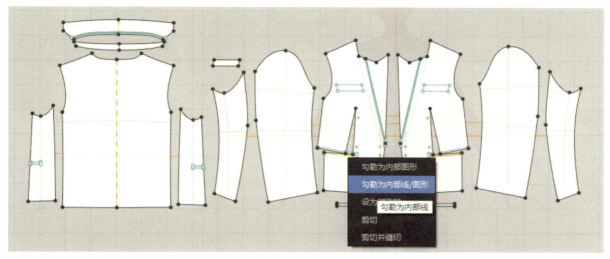

图5-7

⑥用"编辑版片"工具点击超出版片或者没到版片边沿的内部线端点，单击右键选择"对齐"—"到净边"（图5-8）。

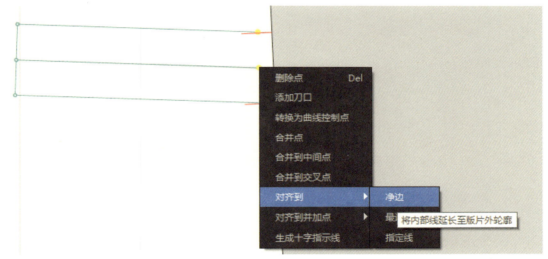

图5-8

⑦用"线缝纫"工具将腰省、后侧缝还有肩缝缝合（图5-9）。

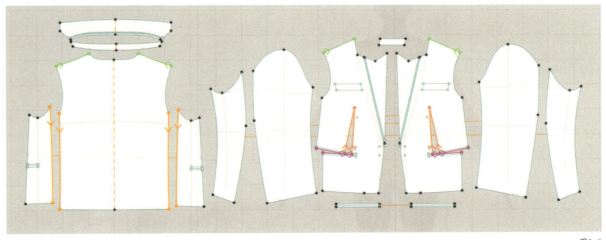

图5-9

⑧将左右侧缝、袖子侧缝、袖底缝用"自由缝纫"工具缝合（图5-10）。

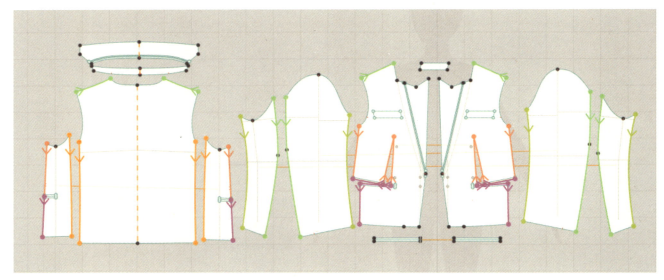

图5-10

⑨用"自由缝纫"工具将领子缝合到衣身上，然后将口袋的贴条缝合（图5-11）。

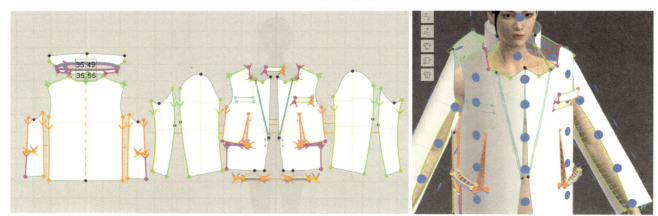

图5-11

⑩用"自由缝纫"工具从袖底缝开始将袖子跟衣身缝合（图5-12）。

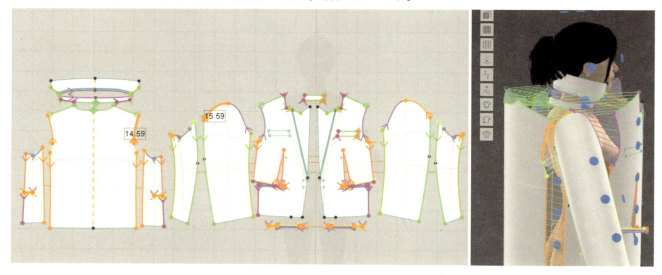

图5-12

⑪关闭安排点，长按鼠标右键上下左右转动视角，查看缝纫线是否有交叉错误（图5-13）。

图5-13

⑫模拟后在资源库中将虚拟模特的手臂放下来，用抓手工具调整服装穿着状态（图5-14）

图5-14

⑬用"编辑版片"工具选中领子翻折线，在属性编辑视窗中将角度调到250（图5-15）。

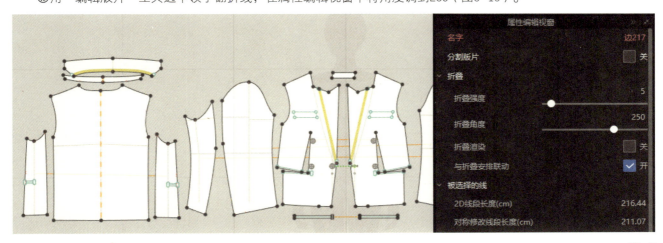

图5-15

⑭选中后领子和前片单击右键选择"硬化"，在模拟状态下用抓手工具进行拖拽将领子翻过来（图5-16）。

图5-16

⑮用"纽扣"工具直接在裁片上的纽扣位处点击添加纽扣，并在属性编辑视窗中将纽扣宽度改为2.2cm（图5-17）。

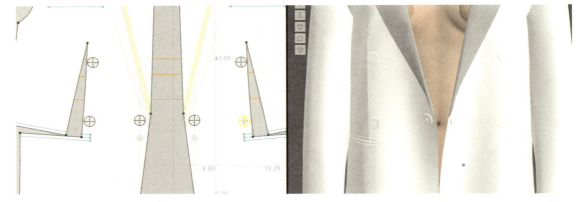

图5-17

⑯用"纽扣"工具选中右边的纽扣，单击右键将纽扣转化为扣眼，并用"系纽扣"工具将前门襟的纽扣系上（图5-18）。

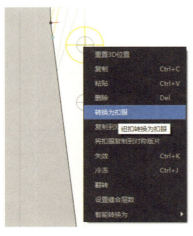

图5-18

⑰选中领座和领面后，在属性编辑视窗中将粘衬打开（图5-19）。

图5-19

⑱在资源库中选中面料织物后长按鼠标左键直接将其拖拽到场景管理视窗中默认织物上进行添加（图5-20）。

图5-20

⑲用"编辑纹理"工具点击任意版片后拖动右上角的坐标轴，将织物纹理缩小（图5-21）。

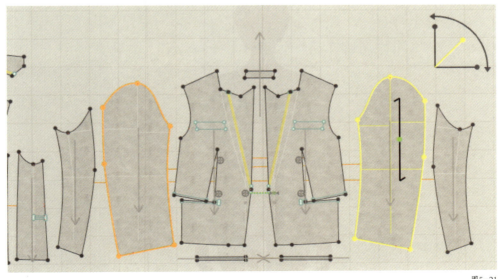

图5-21

㉑在场景管理视窗中点击纽扣，在属性编辑视窗中找到"颜色"点击进入，用拾色器在领子上拾取颜色（图5-22）。

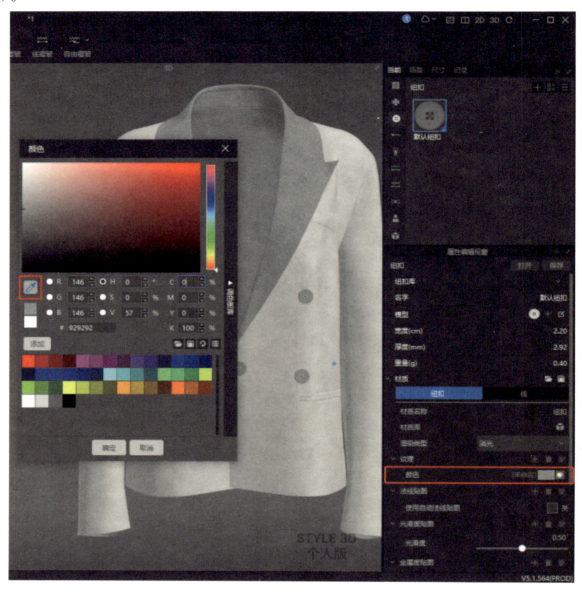

图5-22

㉑框选所有版片，在属性编辑视窗中将粒子间距改为5~10mm（图5-23）。

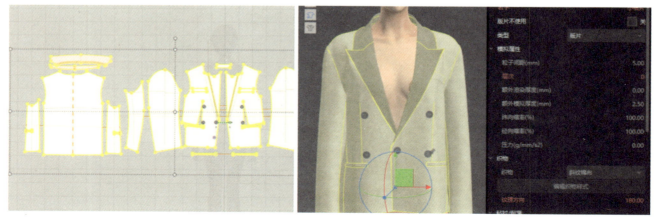

图5-23

㉒调整服装整体穿着细节，将版片厚度打开，关闭模拟后隐藏虚拟模特进行同步渲染（图5-24）。

图5-24

## 任务5.2 男款西服建模制作

通过Style 3D软件建模制作男款西服，款式见图5-25。

图5-25

①在"资源库"中添加男性虚拟模特素材，导入版片DXF文件，围绕3D人物的剪影在2D窗口中对版片进行规律摆放（图5-26）。

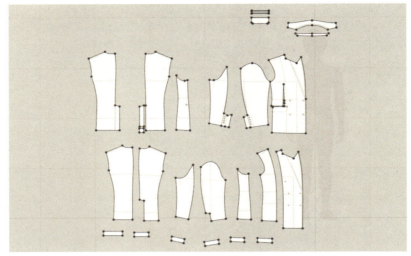

图5-26

②用"勾勒轮廓"工具，把领子翻折线、驳口线勾勒为内部线（图5-27）。

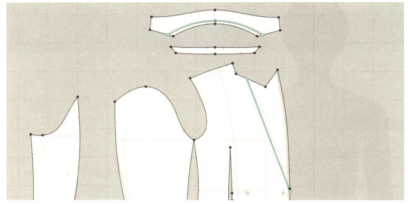

图5-27

③使用"选择/移动"工具同时按住Shift键，选择除领片和后片之外的所有版片，在选中的版片上用鼠标右键单击选择"克隆对称版片（版片和缝纫线）"（图5-28）。

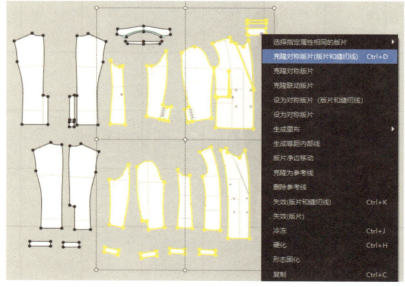

图5-28

④用"选择/移动"工具在2D窗口中框选所有的版片，在3D窗口中的版片上单击鼠标右键选择重置2D安排位置（图5-29）。

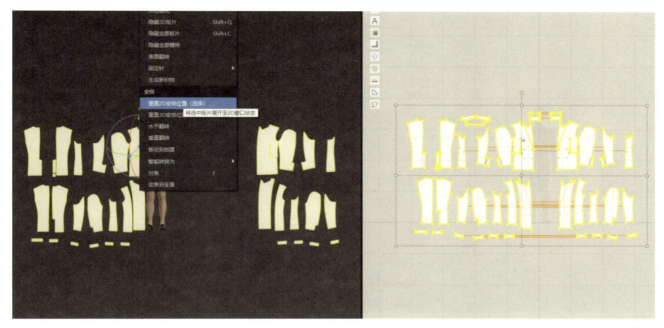

图5-29

⑤使用快捷键A或者选择3D窗口中的第一个工具打开安排点，对版片进行安排（图5-30）。

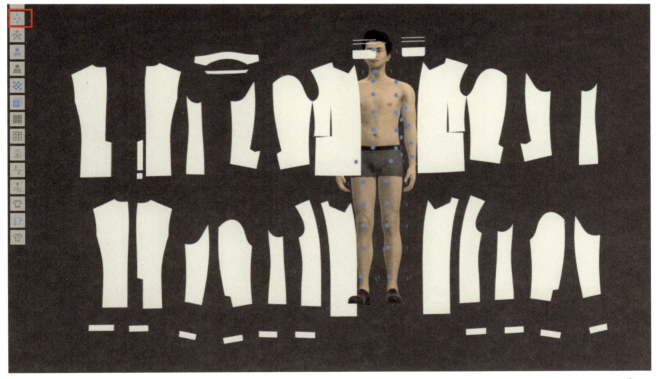

图5-30

⑥使用"选择/移动"工具在3D窗口中将前片和挂面调整到重合的位置（5-31）。

⑦使用"选择/移动"工具同时按住Shift键选择前边、挂面和前侧里子，点击虚拟模特上对应的蓝色安排点，单击鼠标左键进行安排（图5-32）。

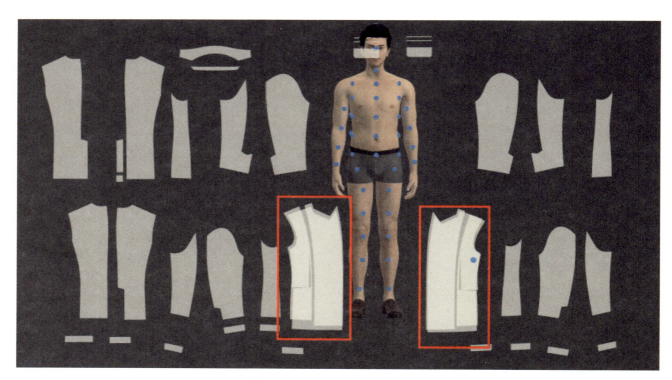

图5-31

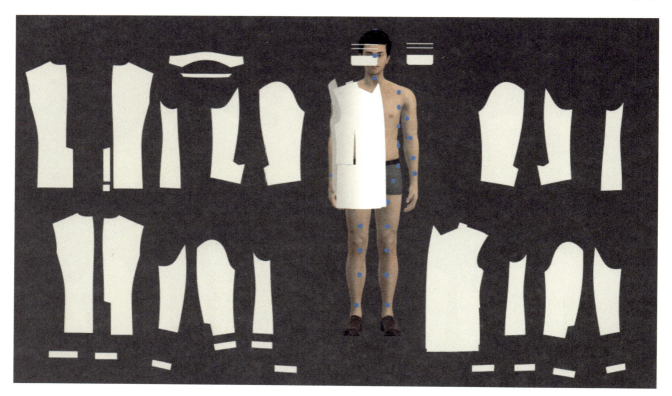

图5-32

⑧用定位球调整版片的位置，让版片尽量贴合虚拟模特（图5-33）。

⑨使用相同的方法对其他（大片）的版片进行安排，选择下摆贴边、袖子贴边、口袋版片，单击鼠标右键对它们进行冷冻（图5-34）。

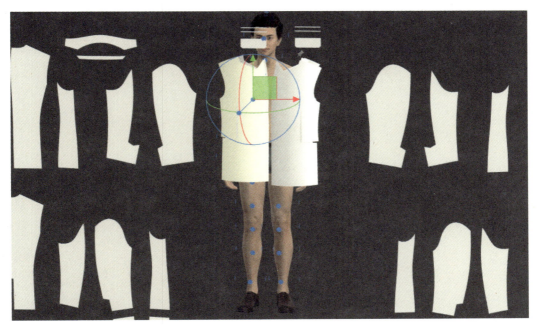

图5-33

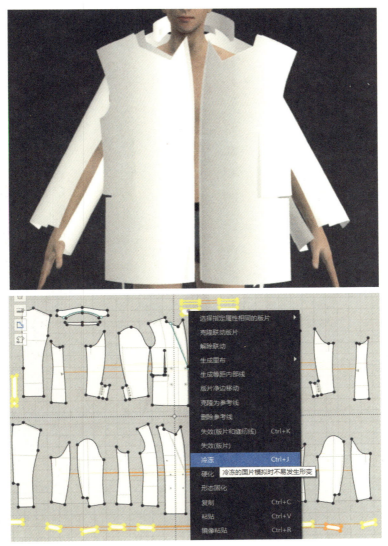

图5-34

⑩对衣身已经安排好的版片进行缝合，选择"线缝纫"和"自由缝纫"工具对基本的版片进行缝合（图5-35）。

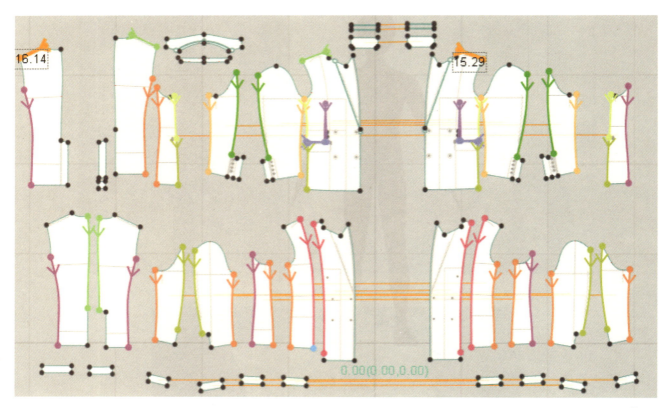

图5-35

⑪把挂面和前片进行缝合，缝纫线的类型选择"合缝"（图5-36）。

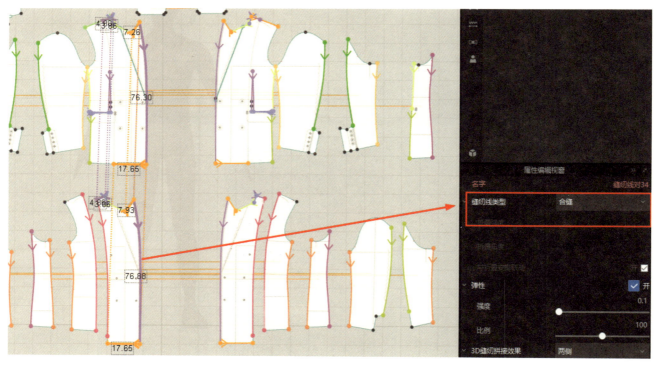

图5-36

⑫把两层面料的后领窝进行缝合，缝纫线类型选择"合缝"（图5-37）。

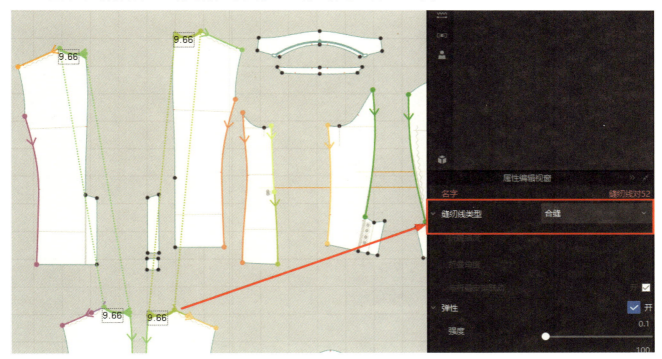

图5-37

⑬选择"多段自由缝纫"工具对袖笼进行缝纫，首先选择红色箭头指示的边，三条线选择完之后按Enter键，再选择黑色箭头指示的边，选择完之后按Enter键结束选择（图5-38）。

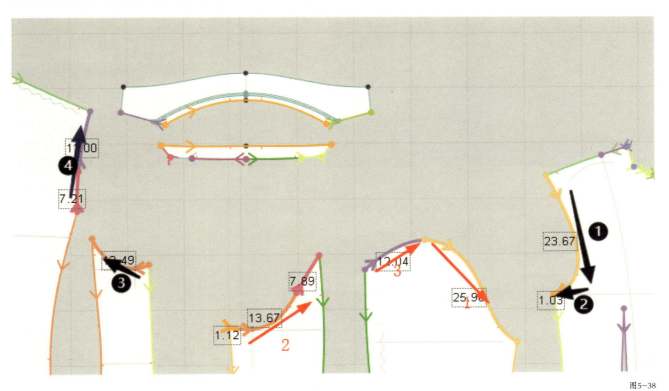

图5-38

⑭所有版片缝合完毕之后，按空格键进行模拟，用"选择/移动"工具框选所有版片，单击鼠标右键选择"硬化"（图5-39）。

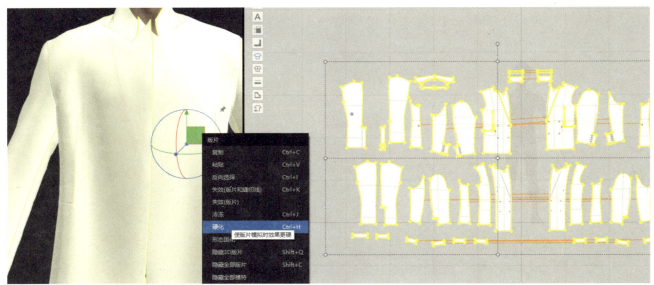

图5-39

⑮将袖子贴边与袖子里片进行缝合，按住Shift键选择袖子贴边，单击鼠标右键选择"移动到里面"（图5-40）。

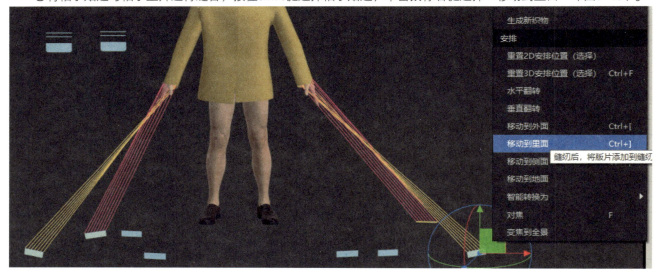

图5-40

⑯解除贴边冷冻，按空格键进行模拟，用"勾勒轮廓"工具勾勒袖开衩相关的基础线（图5-41）。

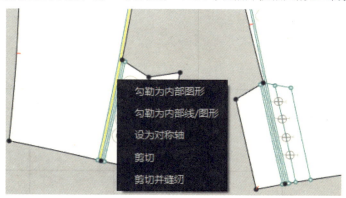

图5-41

⑰用"折叠安排"工具对袖开衩进行折叠，折叠方向如图5-42所示。

图5-42

⑱在模拟状态下用抓手工具调整袖开衩的形态，将大袖开衩压在小袖开衩上方（图5-43）。

图5-43

⑲用"自由缝纫"工具对袖开衩进行缝合，缝纫线的类型改为"合缝"（图5-44）。

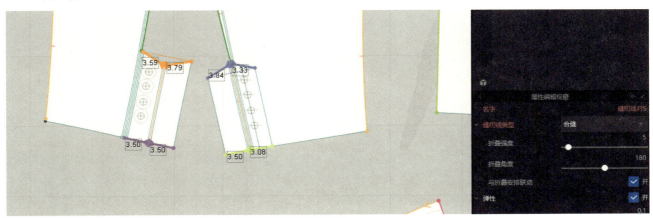

图5-44

⑳将袖开衩的边缘与袖子里布和袖子贴边进行缝合，将袖片与贴边进行缝合，将缝纫线类型改为"合缝"（图 5-45）。

图5-45

㉑用"自由缝纫"工具将后片贴边与后片里布进行缝合，按Shift键选择后片贴边，单击鼠标右键选择"移动到里面"（图5-46）。

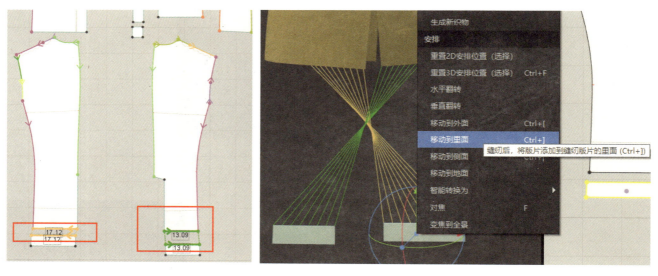

图5-46

㉒用"线缝纫"工具将后开衩与后片和里布进行缝合（图5-47）。
㉓用"选择/移动"工具选中后开衩，单击鼠标右键选择"移动到里面"（图5-48）。

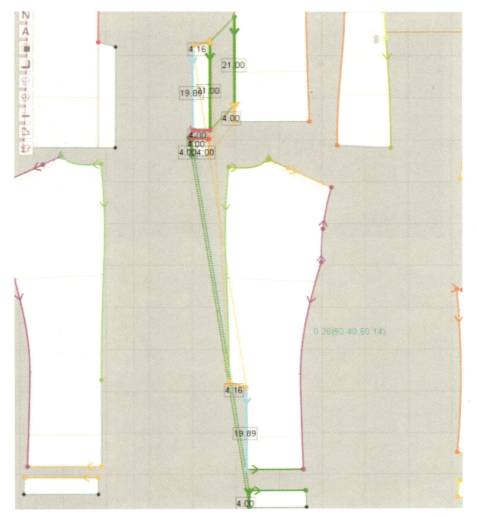

图5-47

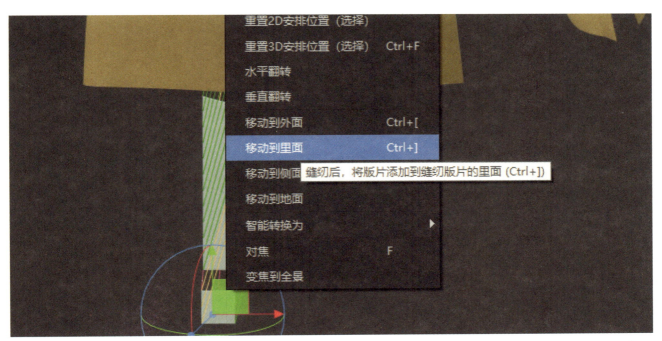

图5-48

㉔在模拟状态下用抓手工具调整后中版片的形态，将右后片的开衩压在左后片的开衩上（图5-49）。

图5-49

㉕将后片底摆与贴边底摆进行缝纫，缝纫线类型改为"合缝"（图5-50）。

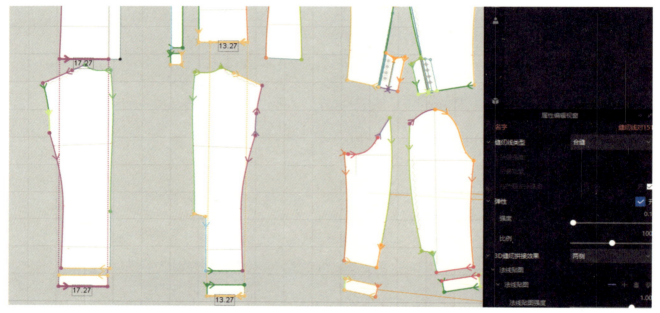

图5-50

㉖用"勾勒轮廓"工具将挂面翻折线勾勒为内部线（图5-51）。

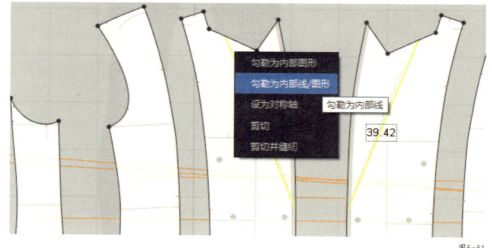

图5-51

㉗用"折叠安排"工具点击翻折线对领子进行翻折（图5-52）。

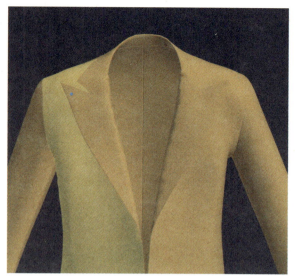

图5-52

㉘用"编辑版片"工具在挂面翻折线处设1条0.2cm的内部线，方向选择两侧（图5-53）。

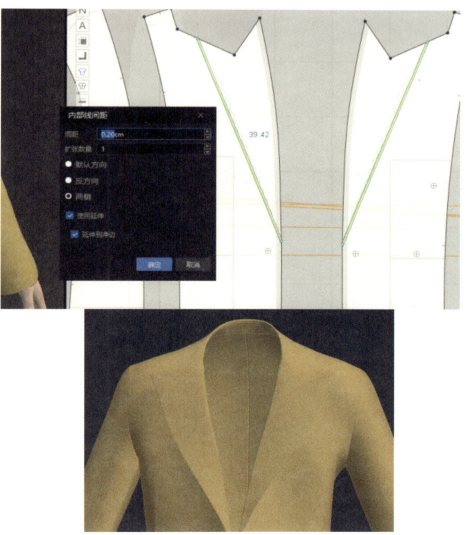

图5-53

㉙选择素材工具栏下的"纽扣"工具，在2D视窗中前片相应的扣位上放置纽扣，扣眼宽度设为2.3cm（图5-54）。

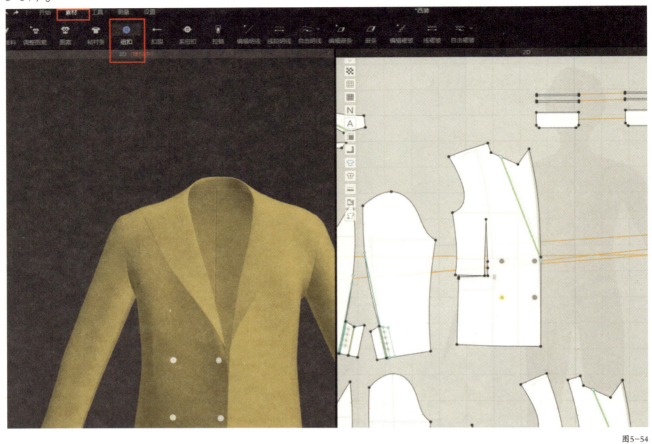

图5-54

㉚选择"扣眼"工具，在另一边的前片上相应的扣位添加扣眼（图5-55）。

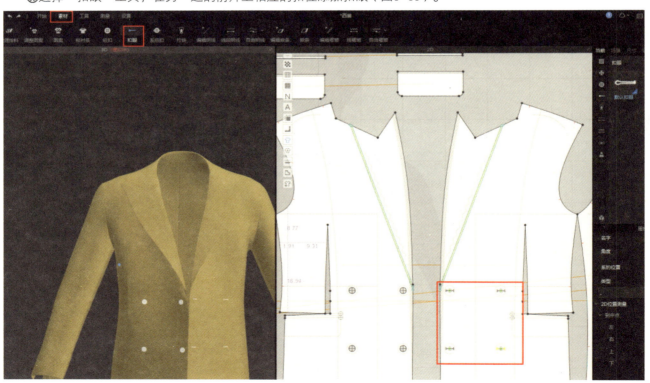

图5-55

㉛运用"系纽扣"工具，在2D视窗中鼠标左键单击纽扣，再单击对应的扣眼（图5-56）。

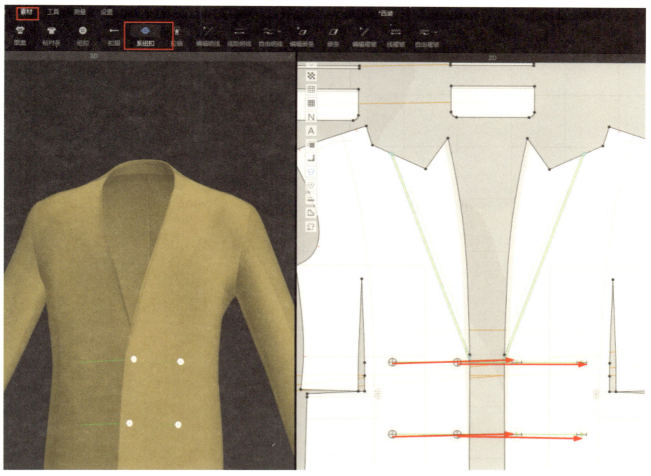

图5-56

㉜按空格键进行模拟，查看服装整体情况后关闭，用"选择/移动"工具点击纽扣，用定位球调整纽扣的位置（图5-57）。

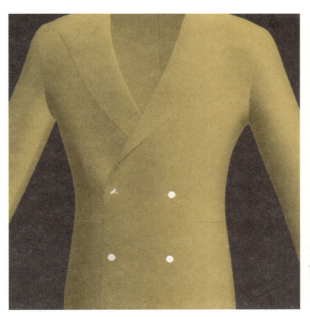
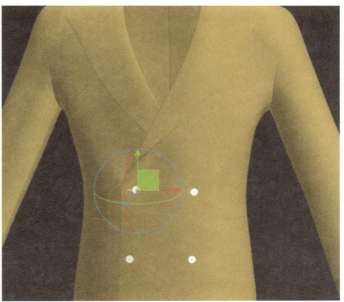

图5-57

㉝用以上方法对袖开衩添加纽扣（图5-58）。

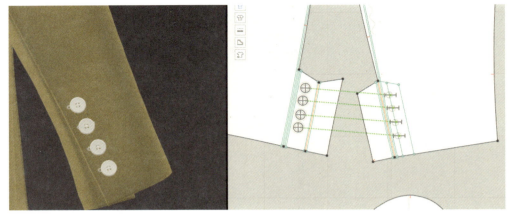

图5-58

㉞将前片与侧片的贴边与里子进行缝纫（图5-59）。

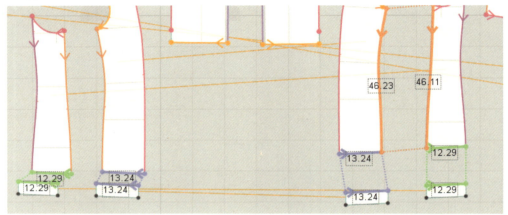

图5-59

㉟将贴边的下摆与外版片的下摆进行缝合，缝纫线类型选择"合缝"（图5-60）。

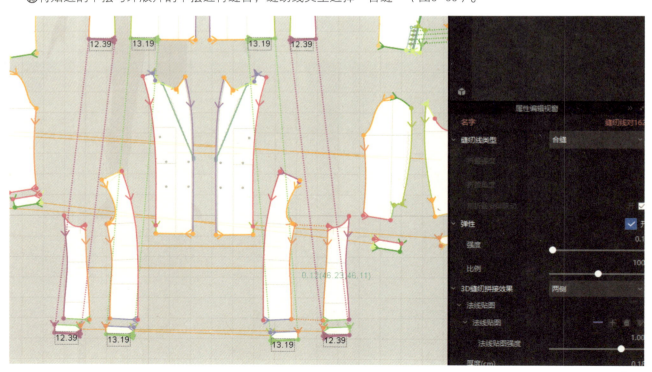

图5-60

㊱用"自由缝纫"工具将袋盖与前衣片袋盖位进行缝合，缝纫线类型改为"合缝"（图5-61）。

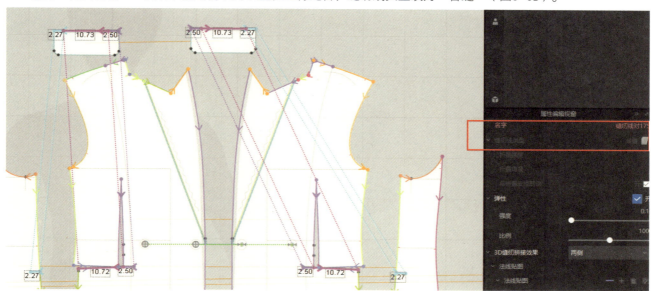

图5-61

㊲用"选择/移动"工具框选所有版片，单击鼠标右键解除硬化（图5-62）。

图5-62

㊳在资源库的"辅料"文件中找到男性"垫肩"素材添加（图5-63）。

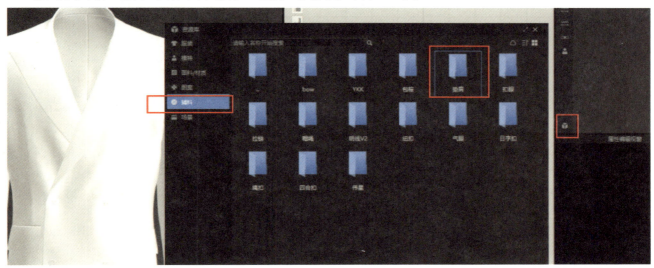

图5-63

95

㊴框选一侧垫肩用定位球把垫肩调整到虚拟模特肩部合适的位置（图5-64）。

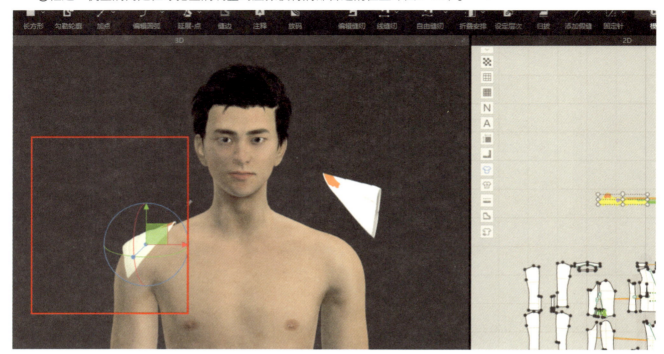

图5-64

㊵把另一侧垫肩调整到合适的位置，按空格键进行模拟（图5-65）。

图5-65

㊶在场景管理视窗中点击织物，在属性编辑视窗中添加，提前准备织物纹理（图5-66）。

㊷给织物添加上法线贴图（图5-67）。

㊸用素材工具栏下的"编辑纹理"工具选中任意版片后，拖动坐标轴将织物纹理图案放大（图5-68）。

㊹在场景管理视窗中点击"纽扣"，通过属性编辑视窗修改纽扣颜色，用拾色器在衣身上拾取颜色（图5-69）。

㊺整理服装细节，关闭模拟后隐藏虚拟模特进行同步渲染（图5-70）。

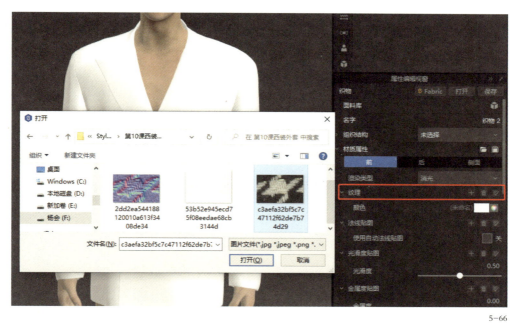

5-66

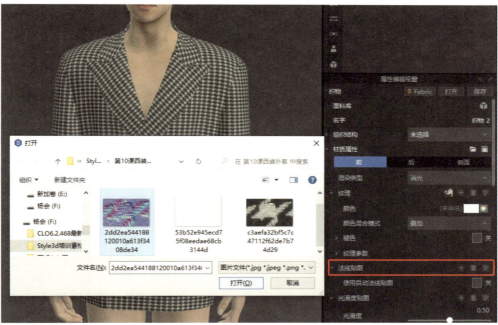

图5-67

图5-68

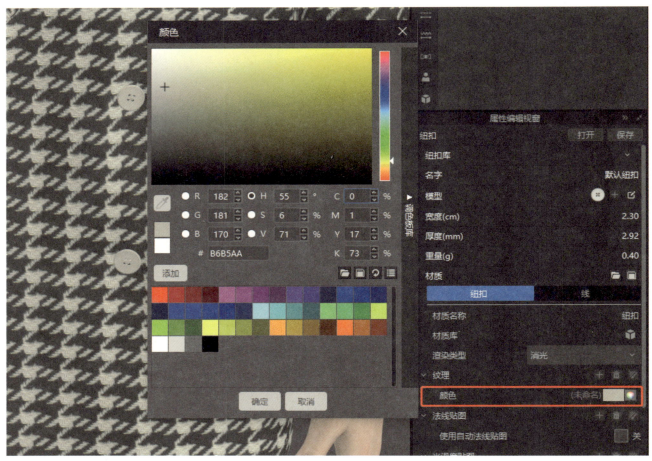

图5-69

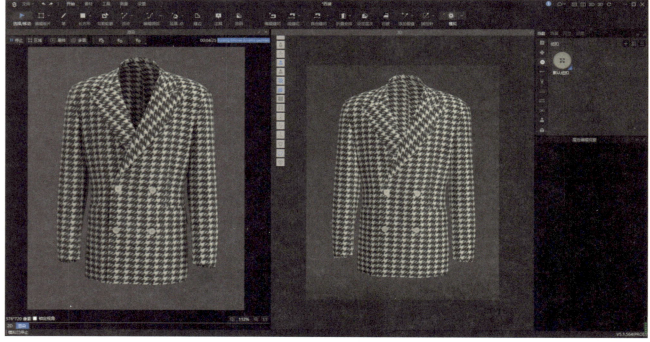

图5-70

# 项目6　服装走秀视频录制及图片渲染

## 任务6.1　图片渲染

①在渲染图片前根据服装风格在资源库中挑选合适的姿势和场景，选中姿势后双击进行添加（图6-1、图6-2）。

图6-1

图6-2

②场景添加后取消模拟，点击遮挡模特的场景板块，拖动定位球将板块往后移（图6-3）。

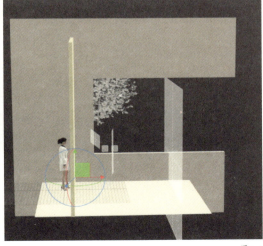

图6-3

③调整完成后打开同步渲染，滑动鼠标查看场景是否需要再次调整（图6-4）。

图6-4

④点击渲染窗口上方的"多图"，可保存多张不同视角的图片（图6-5）。

图6-5

⑤点击右上角的"+"号，可自行添加渲染视角；需删除视角时，选中图片点击右上角的删除符号即可。图片属性设置完成后，可直接保存，也可进行本地渲染（图6-6）。

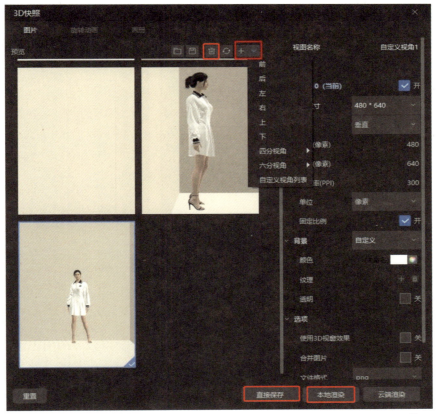

图6-6

⑥点击3D快照中的旋转动画，根据需要在旁边的编辑视窗中设置保存文件的格式、旋转方向和圈数、尺寸大小、背景颜色、保存路径等，然后选择直接保存或者本地渲染（图6-7）。

图6-7

101

⑦渲染窗口上方点击"渲染图片属性"，在属性编辑视窗中设置图片尺寸大小、背景颜色、图片格式等（图6-8）。

图6-8

⑧点击渲染窗口的"灯光属性"，根据场景需要在属性编辑视窗中对灯光属性进行调整设置（图6-9）。

图6-9

⑨点击"灯光添加"直接添加不同场景类型的灯（图6-10）。

⑩所有属性设置完成后点击同步渲染，根据图片清晰度的需要把控渲染时间的长短（图6-11）。

图6-10

图6-11

103

## 任务6.2 走秀视频录制

①服装制作完成后，走秀之前需删除用来固定服装造型的固定针，鼠标点击任意固定针单击右键选择"删除所有固定针"（图6-12）。

图6-12

②检查容易发生抖动的部位，用缝纫线固定，并将缝纫线类型改为"合缝"（图6-13）。

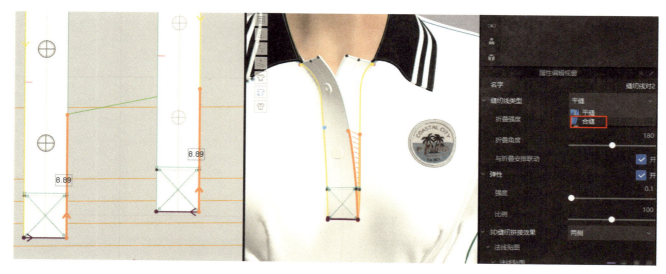

图6-13

③打开工具栏下的"动画编辑器"，将3D窗口放大（图6-14）。

图6-14

④点击左下角模特"娜娜"一栏的"+动作"给虚拟模特添加走秀动作或试衣动作，根据需要选择添加（图6-15）。

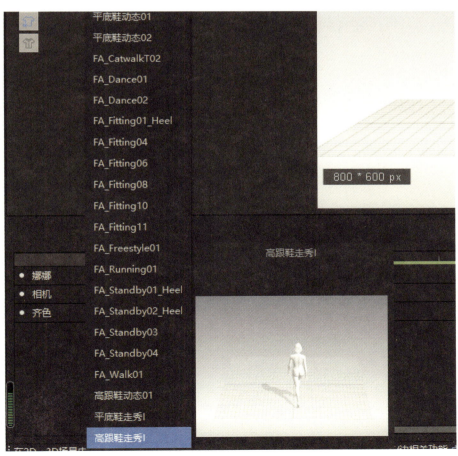

图6-15

⑤根据视频需要添加动作，点击"确定"（图6-16）。

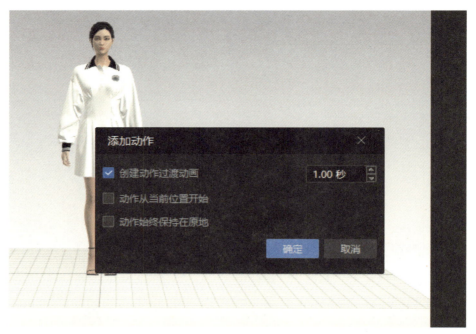

图6-16

⑥添加完成后，在相机一栏点击"+相机"添加镜头切换跟随，选中后点击"确定"添加（图6-17）。

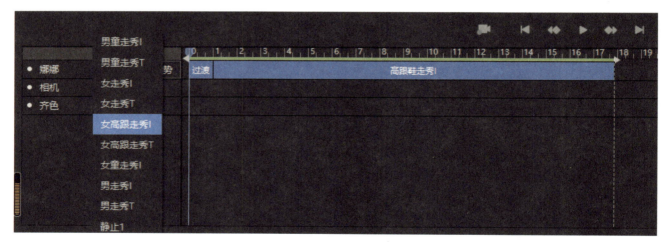

图6-17

⑦3D视窗下方的进度条可通过滑动鼠标进行放大缩小；需更换走秀动作时，鼠标点击蓝色进度条直接按Delete键删除（图6-18）。

图6-18

⑧ 将动作与相机添加完成后，点击"录制"，衣服会跟随模特的动作一起移动，等待进度条拉满（图6-19）。

图6-19

⑨在录制过程中可长按鼠标右键转动视角查看服装是否有不正常的部位，及时调整（图6-20）。

图6-20

⑩视频录制完成后，点击"转到开始"将虚拟模特还原到最开始的状态查看视频录制情况（图6-21）。

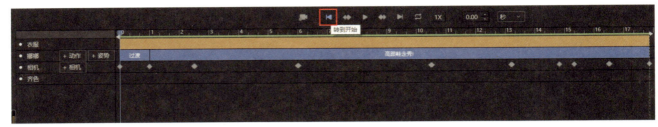

图6-21

⑪拖动蓝色定位轴可切换到固定的画面（图6-22）。

图6-22

⑫点击"播放速度"可调整动画播放速度（图6-23）。

图6-23

⑬点击"动画"属性，可在属性编辑视窗中对动画属性进行编辑设置（图6-24）。

图6-24

⑭属性设置完成后点击"转到开始"，然后在资源库场景栏中双击"走秀T台"进行添加（图6-25）。

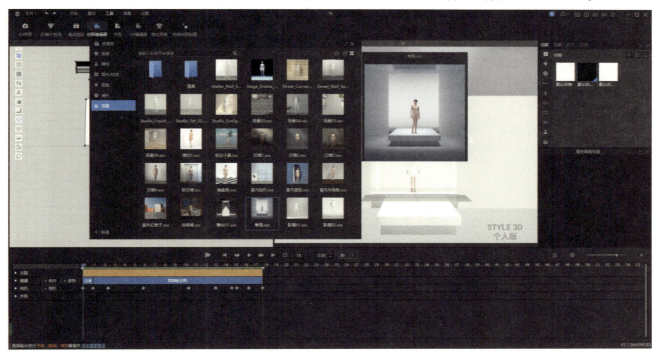

图6-25

⑮长按鼠标右键左右转动视角查看T台摆放是否合理，与模特之间是否有穿透（图6-26）。

图6-26

⑯T台调整完成后点击旁边的"导出视频"选择文件格式对文件进行保存或渲染（图6-27）。

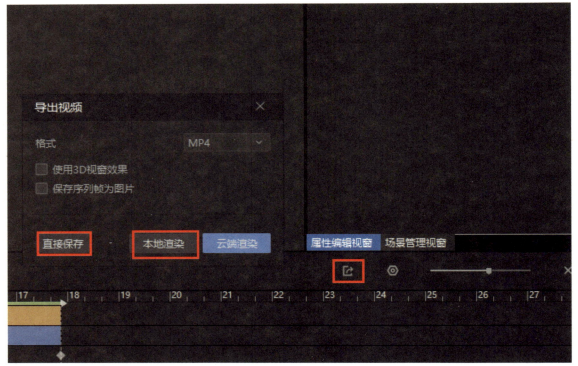

图6-27

# 项目7　服装改版设计与制作

通过Style 3D软件进行服装改版设计与制作，款式见图7-1。

图7-1

①在资源库中找一款款式相对简单的连衣裙，下载后双击鼠标进行添加（图7-2）。

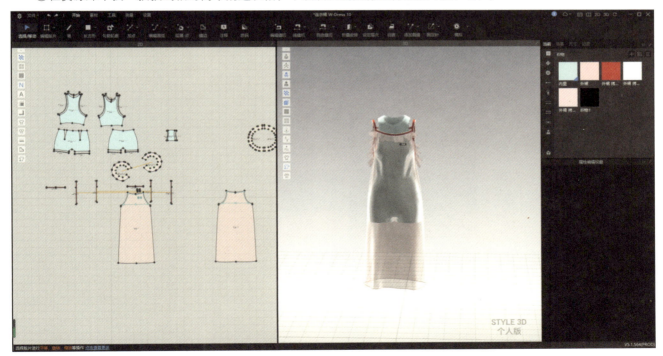

图7-2

②在资源库中添加虚拟模特（图7-3）。

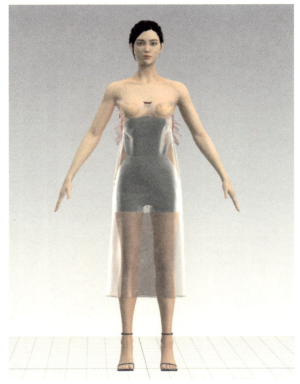

图7-3

③框选所有版片后在3D视窗中移动定位球让服装贴合在人体上，并单击右键将所有版片解冻后按空格键模拟（图7-4）。

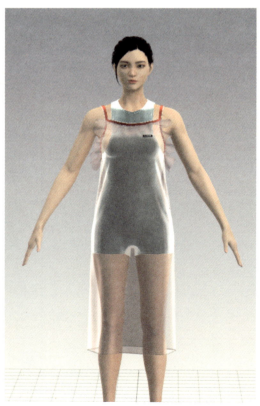

图7-4

④删除不需要的版片，留下服装主体部分用于结构修改（图7-5）。

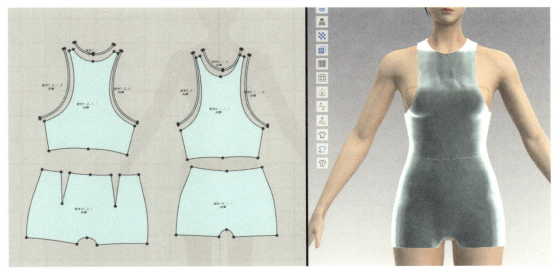

图7-5

⑤导入参考图，调整大小后摆放到合适的位置（图7-6）。

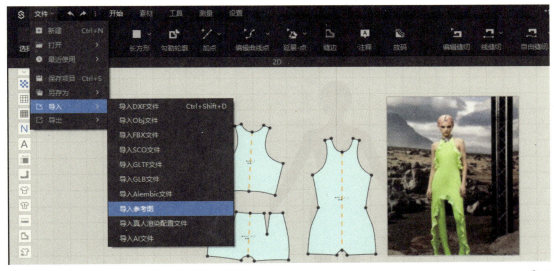

图7-6

⑥用"编辑版片"工具同时按住Shift键连选相连的两条边后单击鼠标右键选择"合并"，将所有的切条合并（图7-7）。

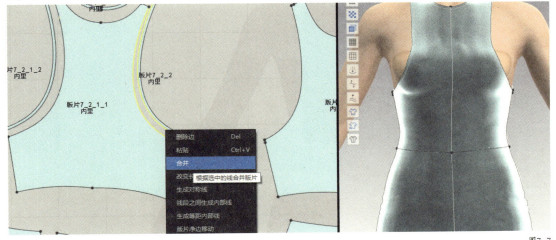

图7-7

⑦用"编辑版片"工具将上下前片合并（图7-8）。

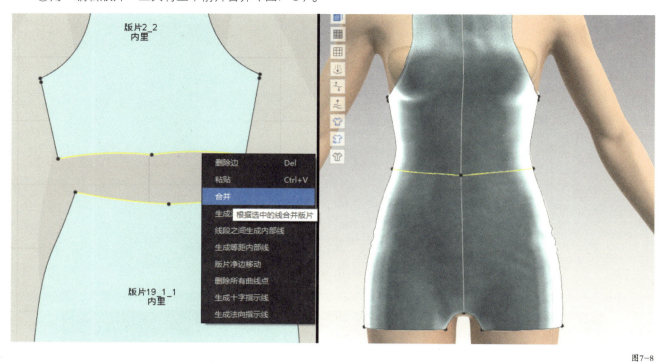

图7-8

⑧用"编辑版片"工具框选裁片的任意一边删除，再选中版片中线单击鼠标右键选择"边缘对称"，使左右两边联动，方便调整（图7-9）。

图7-9

⑨用"编辑缝纫"工具框选所有版片，点击Delete键将缝纫线全部删除后重新缝纫模拟，缝纫前先将版片上多余的点删除（图7-10）。

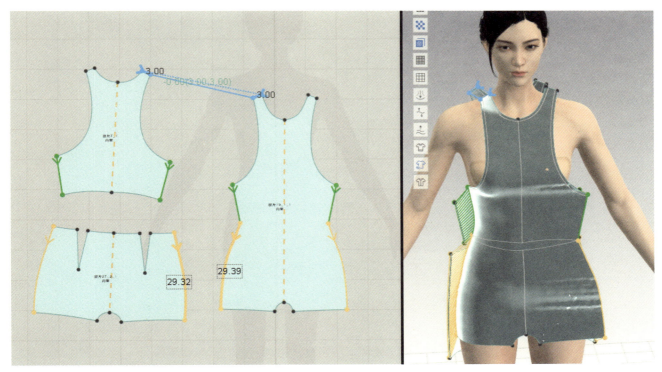

图7-10

⑩用"编辑版片"工具点击版片腋下点并长按鼠标左键向上平移拖动，单击鼠标右键在新的弹窗中输入固定数值，确保前后一致（图7-11）。

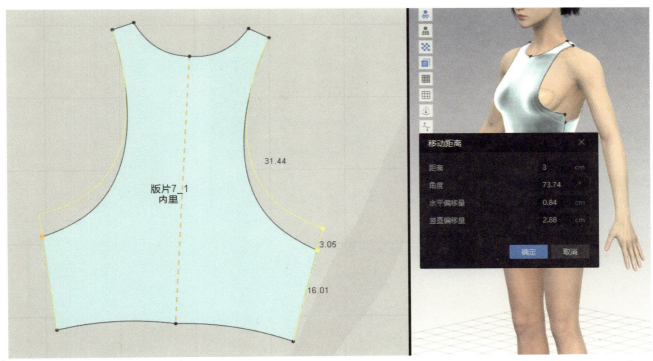

图7-11

⑪用"编辑曲线点"工具点击袖笼弧线上的点进行拖拽，将前后袖笼弧线调整圆顺（图7-12）。

⑫根据参考图将领口缩小（图7-13）。

⑬在裁片底摆上添加两个实点固定版片的形状（图7-14）。

25.22

版片19_1_1
内里

图7-12

图7-13

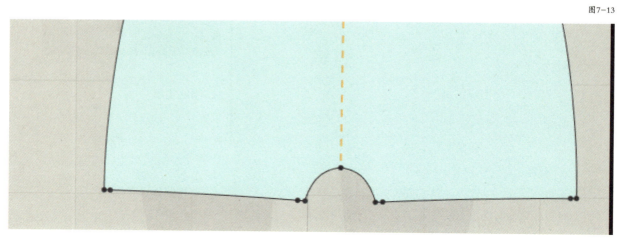

图7-14

⑭用"编辑版片"工具拖动底边，延长裙长（图7-15）。

⑮根据参考图将"编辑版片"工具和"编辑曲线点"工具搭配使用调整裙摆的形状（图7-16）。

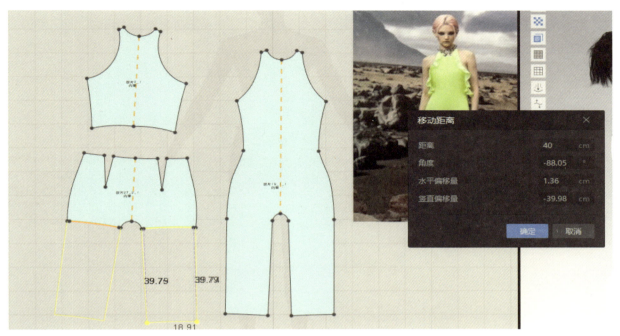

图7-15

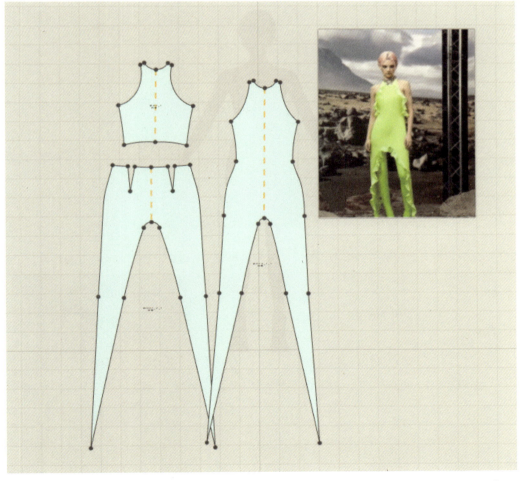

图7-16

⑯在场景管理视窗中更换新的织物，然后根据参考图反复调整成合适的形状（图7-17）。

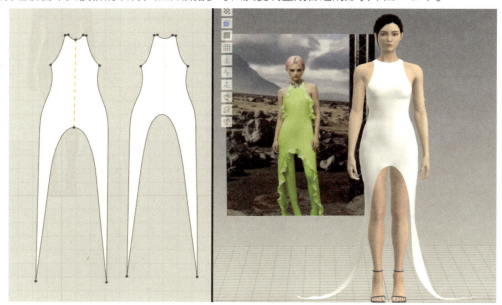

图7-17

⑰用"笔"工具同时按住Ctrl键在空白处随意画出荷叶边的版片，再用"编辑曲线点"工具进行调整（图7-18）。

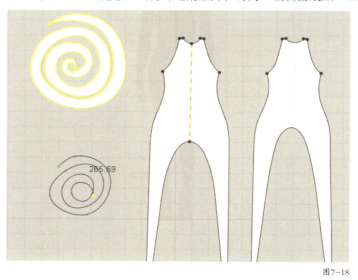

图7-18

⑱用"加点"工具将荷叶边大概分成两份，并用"自由缝纫"工具将荷叶边跟前片袖笼弧线缝合（图7-19）。

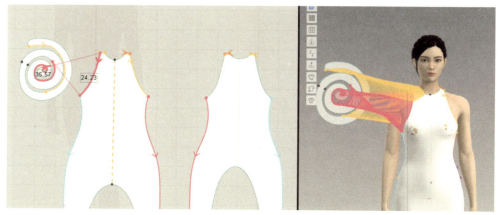

图7-19

⑲按空格键模拟，调整服装荷叶边（图7-20）。

⑳将前后片冷冻，以便调整（图7-21）。

图7-20　　　　　　　　　　　　　　　　　　　图7-21

㉑将荷叶边多出的部分拖拽到后面进行缝纫连接（图7-22）。

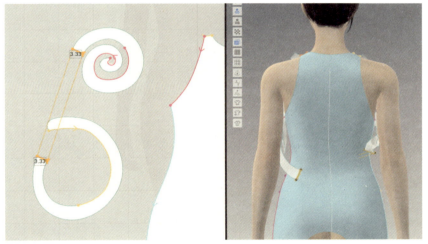

图7-22

㉒模拟后查看长短是否合适，长度不够用"加点"工具在需延长的边两端加点固定，再用"编辑版片"工具进行拖拽调整（图7-23）。

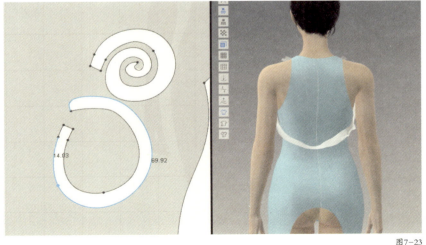

图7-23

㉓用"笔"工具将下摆的荷叶边也画出来（图7-24）。

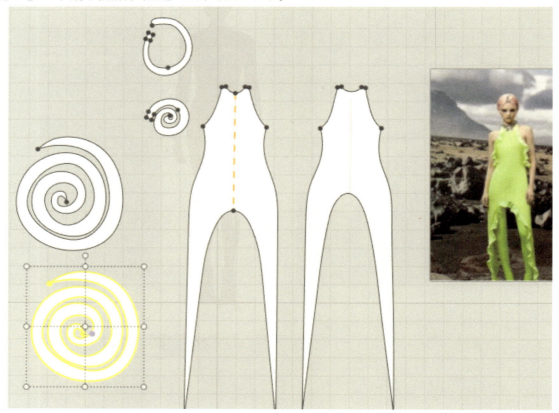

图7-24

㉔用"自由缝纫"工具将荷叶边与下摆缝合（图7-25）。

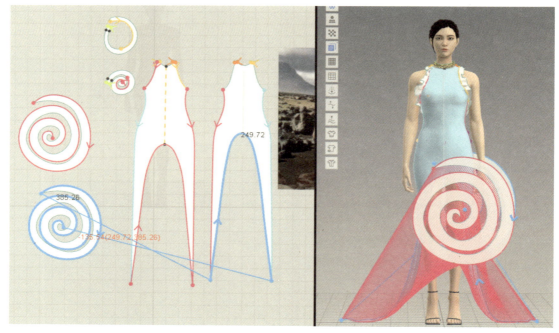

图7-25

㉕缝纫完后模拟（图7-26）。

㉖用"长方形"工具在空白处绘制一块长方形版片，长度刚好能围住脖子，将版片安排到虚拟模特身上后缝纫（图7-27）。

图7-26

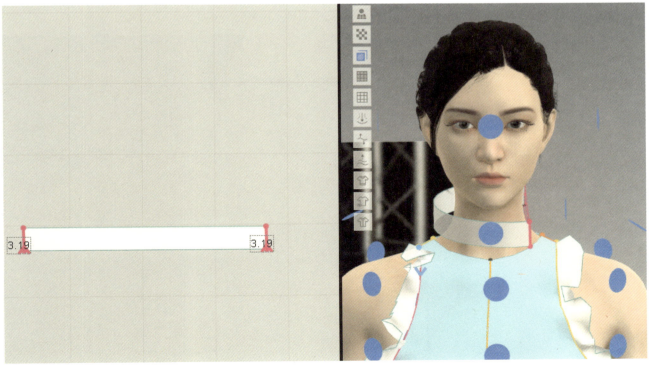

图7-27

㉗在资源库中查找链条素材，双击添加到场景管理视窗中明线一栏（图7-28）。

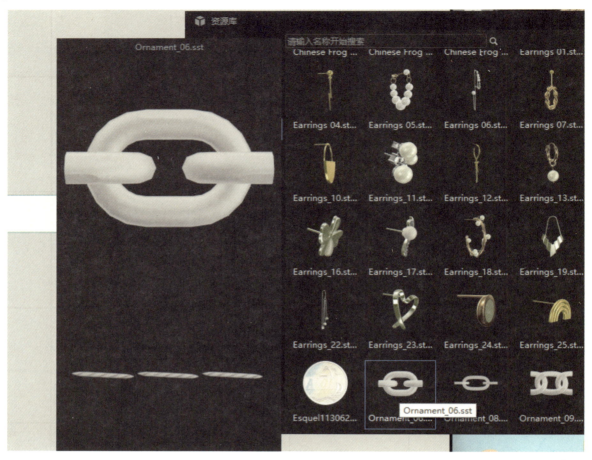

图7-28

㉘在场景视窗中选中链条缝纫线，用"明线"工具点击版片下口添加缝纫线，并在属性编辑视窗中设置链条粗细、到边距等（图7-29）。

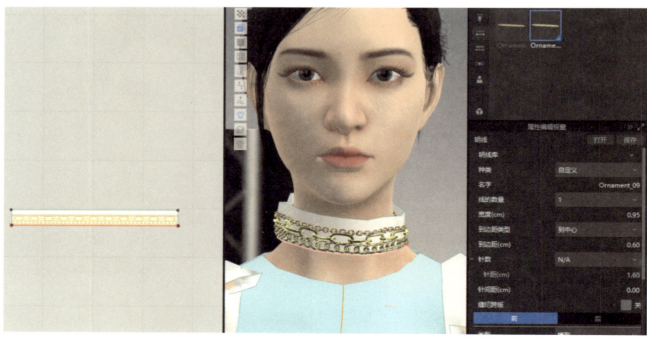

图7-29

㉙选中版片织物后，在属性编辑视窗中将织物的透明度改为0（图7-30）。

图7-30

㉚用同样的方式制作手链（图7-31）。

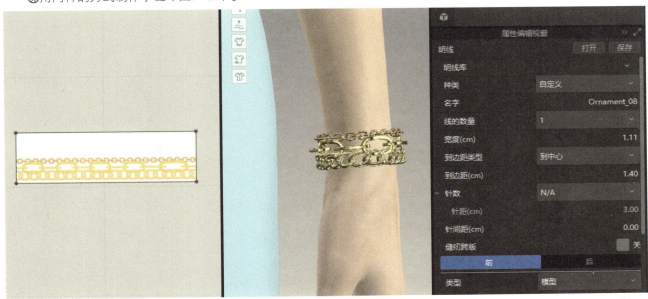

图7-31

㉛按Shift+Q键将裙子的版片隐藏，在资源库中添加一条紧身裤（图7-32）。

㉜按Shift+C键将隐藏的版片显示出来（图7-33）。

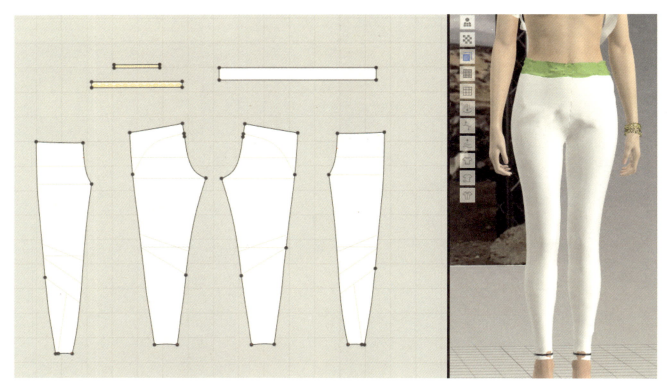

图7-32

图7-33

㉝在资源库中选择高跟鞋双击鼠标进行切换（图7-34）。

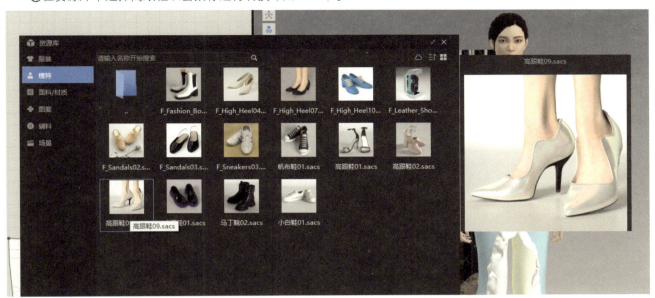

图7-34

㉞将前后片解冻后模拟，并用抓手工具进行调整（图7-35）。

图7-35

㉟在场景管理视窗中创建一个新的织物，并用颜色拾取器拾取与参考图上相近的颜色（图7-36）。

图7-36

㊱再新建一个织物，将打底裤的颜色拾取出来（图7-37）。

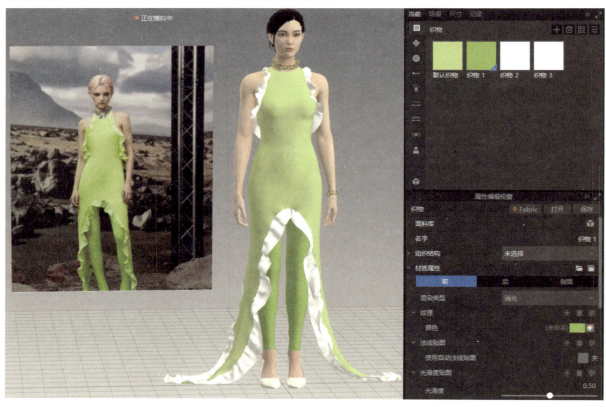

图7-37

㊲用同样的方式对荷叶边的面料纹理进行添加，并在属性编辑视窗中将透明度调整为0.86（图7-38）。

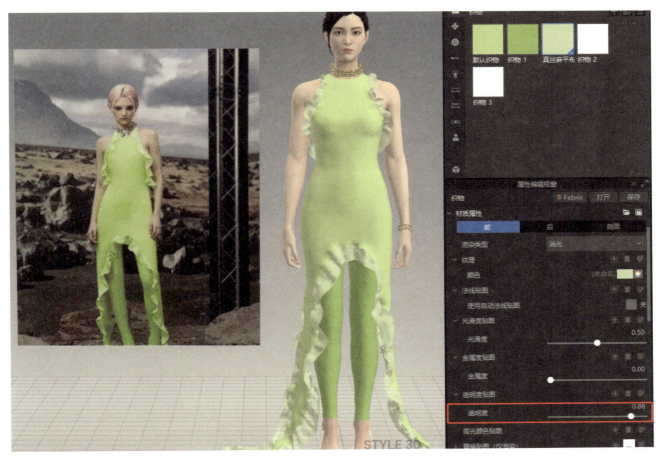

图7-38

㊳用"编辑版片"工具选中前片袖笼跟荷叶边相连的边，在属性编辑视窗中将"粘衬条"打开（图7-39）。

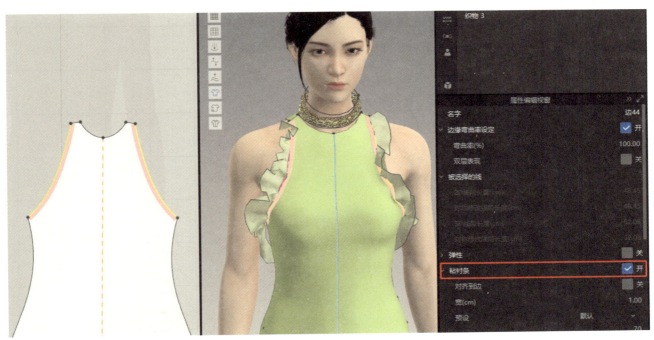

图7-39

㊴点击选中鞋子，在属性编辑视窗中用颜色拾取器将鞋子的颜色调整成裤子的颜色，并将渲染类型修改为"消光"（图7-40）。

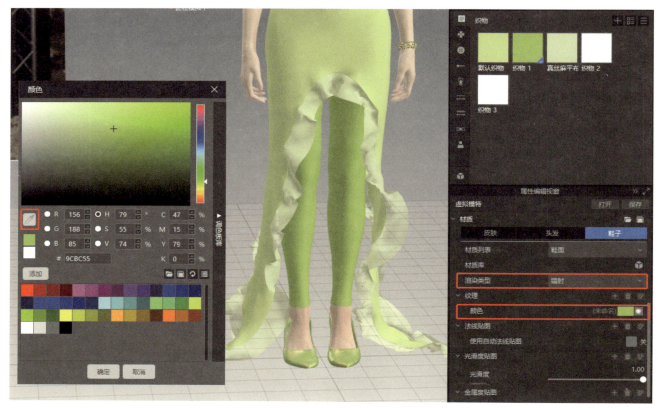

图7-40

㊵在资源库中将虚拟模特的发型更换为短发，然后在3D视窗中点击选中的虚拟模特头发，在属性编辑视窗中将"颜色混合模式"调整为"换色"，头发颜色修改为粉色（图7-41）。

图7-41

128

㉛在3D视窗中打开"隐藏3D样式"将粘衬条隐藏，然后把版片的粒子间距设为5～10mm并进行模拟（图7-42）。

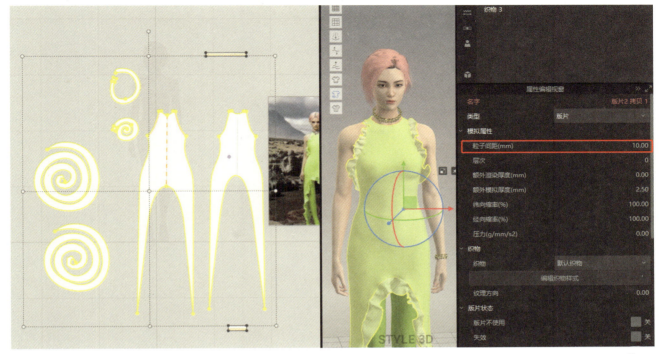

图7-42

㊷在资源库中对虚拟模特姿势进行更换（图7-43）。

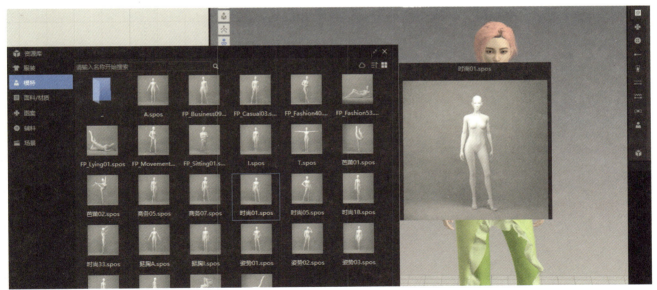

图7-43

㊸用抓手工具对服装穿着细节进行拖拽调整（图7-44）。

㊹点击删除参考图，在资源库中添加合适场景（图7-45）。

㊺调整好角度距离、图片尺寸大小后，打开同步渲染（图7-46）。

㊻最终效果图（图7-47）。

图7-44

图7-45

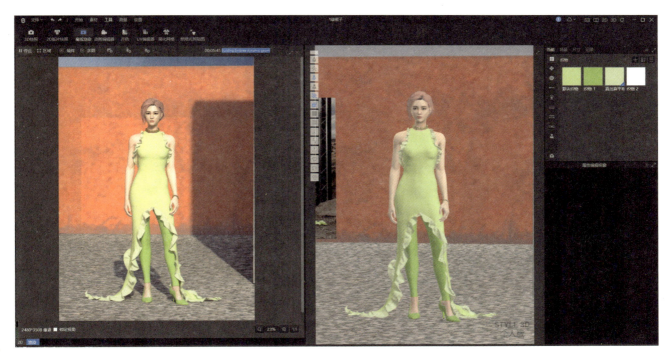

图7-46

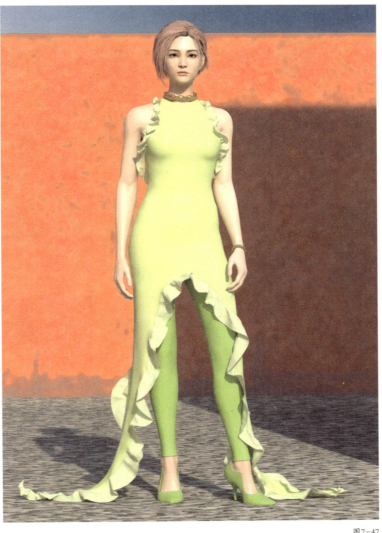

图7-47